高职高专计算机任务驱动模式教材

Internet应用技术实训教程

丁喜纲　毕军涛　主　编　　王海宾　安述照　副主编

清华大学出版社
北京

内 容 简 介

本书以 Windows 操作系统为平台，采用任务驱动模式，将 Internet 应用的基本知识综合到各项操作技能中。读者可以在阅读本书时同步进行实训，从而具备 Internet 应用技术的实践技能。本书包括 8 个模块，分别是认识计算机网络和 Internet、安装与设置 Internet 协议、接入 Internet、信息收集、文件的传输与共享、网络交流、网络应用、保障 Internet 访问的安全。

本书可以作为大中专院校学生学习 Internet 应用技术、计算机网络技术的教材，对广大使用计算机和 Internet 进行工作与学习的读者及参加计算机应用能力考试的专业技术人员也具有很好的参考价值。

图书在版编目（CIP）数据

Internet 应用技术实训教程/丁喜纲，毕军涛主编. --北京：清华大学出版社，2016
高职高专计算机任务驱动模式教材
ISBN 978-7-302-42893-0

Ⅰ．①I… Ⅱ．①丁… ②毕… Ⅲ．①互联网络－高等职业教育－教材 Ⅳ．①TP393.4

中国版本图书馆 CIP 数据核字（2016）第 030097 号

责任编辑：张龙卿
封面设计：于华芸
责任校对：刘　静
责任印制：何　芊

出版发行：清华大学出版社
　　　　　网　　　址：http：//www.tup.com.cn，http：//www.wqbook.com
　　　　　地　　　址：北京清华大学学研大厦 A 座　　　　　邮　　编：100084
　　　　　社 总 机：010-62770175　　　　　　　　　　　　邮　　购：010-62786544
　　　　　投稿与读者服务：010-62776969，c-service@tup.tsinghua.edu.cn
　　　　　质量反馈：010-62772015，zhiliang@tup.tsinghua.edu.cn
　　　　　课件下载：http：//www.tup.com.cn，010-62770175-4278
印 装 者：北京国马印刷厂
经　　销：全国新华书店
开　　本：185mm×260mm　　印　张：14.75　　　　　字　　数：352 千字
版　　次：2016 年 6 月第 1 版　　　　　　　　　　　印　　次：2016 年 6 月第 1 次印刷
印　　数：1～2500
定　　价：35.00 元

产品编号：065707-01

编审委员会

出版说明

　　我国高职高专教育经过十几年的发展，已经转向深度教学改革阶段。教育部于 2006 年 12 月发布了教高〔2006〕第 16 号文件《关于全面提高高等职业教育教学质量的若干意见》，大力推行工学结合，突出实践能力培养，全面提高高职高专教学质量。

　　清华大学出版社作为国内大学出版社的领跑者，为了进一步推动高职高专计算机专业教材的建设工作，适应高职高专院校计算机类人才培养的发展趋势，根据教高〔2006〕第 16 号文件的精神，2007 年秋季开始了切合新一轮教学改革的教材建设工作。该系列教材一经推出，就得到了很多高职院校的认可和选用，其中部分书籍的销售量超过了 3 万册。现重新组织优秀作者对部分图书进行改版，并增加了一些新的图书品种。

　　目前国内高职高专院校计算机网络与软件专业的教材品种繁多，但符合国家计算机网络与软件技术专业领域技能型紧缺人才培养培训方案，并符合企业的实际需要，能够自成体系的教材还不多。

　　我们组织国内对计算机网络和软件人才培养模式有研究并且有过一段实践经验的高职高专院校，进行了较长时间的研讨和调研，遴选出一批富有工程实践经验和教学经验的双师型教师，合力编写了这套适用于高职高专计算机网络、软件专业的教材。

　　本套教材的编写方法是以任务驱动、案例教学为核心，以项目开发为主线。我们研究分析了国内外先进职业教育的培训模式、教学方法和教材特色，消化吸收优秀的经验和成果。以培养技术应用型人才为目标，以企业对人才的需要为依据，把软件工程和项目管理的思想完全融入教材体系，将基本技能培养和主流技术相结合，课程设置中重点突出、主辅分明、结构合理、衔接紧凑。教材侧重培养学生的实战操作能力，学、思、练相结合，旨在通过项目实践，增强学生的职业能力，使知识从书本中释放并转化为专业技能。

一、教材编写思想

　　本套教材以案例为中心，以技能培养为目标，围绕开发项目所用到的知识点进行讲解，对某些知识点附上相关的例题，以帮助读者理解，进而将知识转变为技能。

考虑到是以"项目设计"为核心组织教学,所以在每一学期配有相应的实训课程及项目开发手册,要求学生在教师的指导下,能整合本学期所学的知识内容,相互协作,综合应用该学期的知识进行项目开发。同时,在教材中采用了大量的案例,这些案例紧密地结合教材中的各个知识点,循序渐进,由浅入深,在整体上体现了内容主导、实例解析、以点带面的模式,配合课程后期以项目设计贯穿教学内容的教学模式。

软件开发技术具有种类繁多、更新速度快的特点。本套教材在介绍软件开发主流技术的同时,帮助学生建立软件相关技术的横向及纵向的关系,培养学生综合应用所学知识的能力。

二、丛书特色

本系列教材体现目前工学结合的教改思想,充分结合教改现状,突出项目面向教学和任务驱动模式教学改革成果,打造立体化精品教材。

(1) 参照和吸纳国内外优秀计算机网络、软件专业教材的编写思想,采用本土化的实际项目或者任务,以保证其有更强的实用性,并与理论内容有很强的关联性。

(2) 准确把握高职高专软件专业人才的培养目标和特点。

(3) 充分调查研究国内软件企业,确定了基于 Java 和.NET 的两个主流技术路线,再将其组合成相应的课程链。

(4) 教材通过一个个的教学任务或者教学项目,在做中学,在学中做,以及边学边做,重点突出技能培养。在突出技能培养的同时,还介绍解决思路和方法,培养学生未来在就业岗位上的终身学习能力。

(5) 借鉴或采用项目驱动的教学方法和考核制度,突出计算机网络、软件人才培训的先进性、工具性、实践性和应用性。

(6) 以案例为中心,以能力培养为目标,并以实际工作的例子引入概念,符合学生的认知规律。语言简洁明了、清晰易懂,更具人性化。

(7) 符合国家计算机网络、软件人才的培养目标;采用引入知识点、讲述知识点、强化知识点、应用知识点、综合知识点的模式,由浅入深地展开对技术内容的讲述。

(8) 为了便于教师授课和学生学习,清华大学出版社正在建设本套教材的教学服务资源。在清华大学出版社网站(www.tup.com.cn)免费提供教材的电子课件、案例库等资源。

高职高专教育正处于新一轮教学深度改革时期,从专业设置、课程体系建设到教材建设,依然是新课题。希望各高职高专院校在教学实践中积极提出意见和建议,并及时反馈给我们。清华大学出版社将对已出版的教材不断地修订、完善,提高教材质量,完善教材服务体系,为我国的高职高专教育继续出版优秀的高质量的教材。

清华大学出版社
高职高专计算机任务驱动模式教材编审委员会
2016 年 1 月

前　言

　　计算机网络技术是计算机技术与通信技术相互融合的产物，是计算机应用中一个空前活跃的领域，人们可以借助计算机网络实现信息的交换和共享。Internet 是由使用公用语言互相通信的计算机连接而成的覆盖全球的计算机网络。随着 Internet 应用的不断普及，网络资源和网络应用服务日益丰富，Internet 对社会生活及社会经济的发展已经产生了不可逆转的影响，深刻地改变着人们的工作和生活方式。大中专院校的学生和各行各业的劳动者都应该了解 Internet 的基础知识，具备较强的 Internet 应用能力和网络信息素养，使 Internet 服务于自己的学习、工作和生活。

　　本书在编写时从满足经济和技术发展对高素质劳动者的需要出发，以提高 Internet 应用能力为基础，以提升网络信息素养为核心，采用任务驱动模式，将 Internet 应用的基本知识综合到各项操作技能中。本书包括 8 个模块，分别是认识计算机网络和 Internet、安装和设置 Internet 协议、接入Internet、信息收集、文件的传输与共享、网络交流、网络应用、保障 Internet访问的安全。每个模块由需要读者亲自动手完成的工作任务组成，读者只要具备计算机的基本知识，就可以在阅读本书时同步进行实训，从而具备Internet 应用技术的实践技能。

　　本书在编写过程中力求突出以下特色。

　　1. 以工作过程为导向，采用任务驱动模式

　　本书采用任务驱动模式，力求使读者在做中学、在学中做，真正能够利用所学知识解决实际问题，形成基本的 Internet 应用能力。

　　2. 紧密结合教学实际

　　目前 Internet 相关的应用及产品种类很多，管理与配置方法也各不相同。考虑到读者的实际条件，本书以 Windows 操作系统为基本平台，选择了在各相关应用中具有代表性并被广泛使用的产品为例，读者可以在一台接入 Internet 的计算机上完成本书绝大部分的工作任务。本书每个模块后都附有习题，有利于读者思考并检查学习效果。

　　3. 紧跟行业技术的发展

　　Internet 技术发展很快，因此本书在编写过程中注重 Internet 的基础应用和最新发展，力求使所有内容紧跟技术发展。

　　本书主要面向 Internet 应用技术的初学者，可以作为大中专院校学生学习 Internet 应用技术、计算机网络技术的教材，对广大使用计算机和

Internet 进行工作和学习的读者及参加计算机应用能力考试的专业技术人员也具有很好的参考价值。

　　本书由丁喜纲、毕军涛担任主编,王海宾、安述照任副主编。本书在编写过程中参考了国内外 Internet 应用技术方面的著作和文献,并查阅了 Internet 上公布的很多相关资料,在此对所有作者致以衷心的感谢。

　　编者意在为读者奉献一本实用并具有特色的教程,但由于 Internet 应用技术发展日新月异,加之水平有限,书中难免有错误和不妥之处,敬请广大读者批评指正。

编　者

2016 年 1 月

目　录

模块 1　认识计算机网络和 Internet

计算机网络技术是计算机技术与通信技术的相互融合的产物，是计算机应用中一个空前活跃的领域，人们可以借助计算机网络实现信息的交换和共享。Internet 是由使用公用语言互相通信的计算机连接而成的覆盖全球的计算机网络。目前计算机网络和 Internet 已经深入到人们日常工作、生活的每个角落。本模块的主要目标是认识计算机网络和 Internet，了解计算机网络和 Internet 的基本结构，认识计算机网络中常用的网络设备和传输介质。

任务 1.1　认识计算机网络

 任务目的

(1) 了解计算机网络的发展和应用；
(2) 理解计算机网络的定义；
(3) 理解计算机网络的常用分类方法。

 工作环境与条件

(1) 安装好 Windows 7 或其他 Windows 操作系统的计算机；
(2) 能够接入 Internet 的网络环境。

 **相关知识**

1.1.1　计算机网络的产生和发展

计算机网络的发展历史虽然不长，但是发展速度很快，它经历了从简单到复杂、从单机到多机的演变过程，其产生与发展主要包括面向终端的计算机网络、计算机通信网络、计算机互联网络和高速互联网络四个阶段。

1. 第一代计算机网络

第一代计算机网络是以中心计算机系统为核心的远程联机系统，是面向终端的计算机网络。这类系统除了一台中央计算机外，其余的终端都没有自主处理能力，还不能算作真正的计算机网络，因此也被称为联机系统。但它提供了计算机通信的许多基本技术，是现代计算机网络的雏形。第一代计算机网络的结构如图 1-1 所示。

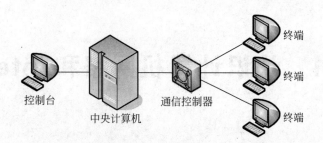

图 1-1 第一代计算机网络结构

目前,我国金融系统等领域广泛使用的多用户终端系统就属于面向终端的计算机网络,只不过其软、硬件设备和通信设施都已更新换代,从而极大地提高了网络的运行效率。

2. 第二代计算机网络

面向终端的计算机网络只能在终端和主机之间进行通信,计算机之间无法通信。20 世纪 60 年代中期,出现了由多台主计算机通过通信线路互联构成的"计算机—计算机"通信系统,其结构如图 1-2 所示。

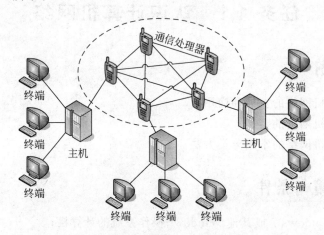

图 1-2 第二代计算机网络结构

在该网络中每一台计算机都有自主处理能力,彼此之间不存在主从关系,用户通过终端不仅可以共享本主机上的软硬件资源,还可共享通信子网上其他主机的软硬件资源。我们将这种由多台主计算机互联构成的,以共享资源为目的网络系统称为第二代计算机网络。第二代计算机网络在概念、结构和网络设计方面都为后继的计算机网络打下了良好的基础,它也是今天 Internet 的雏形。

3. 第三代计算机网络

20 世纪 70 年代,各种商业网络纷纷建立,并提出各自的网络体系结构。比较著名的有 IBM 公司于 1974 年公布的系统网络体系结构 SNA(System Network Architecture),DEC 公司于 1975 年公布的分布式网络体系结构 DNA(Distributing Network Architecture)。这些按照不同概念设计的网络,有力地推动了计算机网络的发展和广泛使用。

然而由于这些网络是由研究单位、大学或计算机公司各自研制开发利用的,如果要在更大的范围内把这些网络互联起来,实现信息的交换和资源共享,有着很大的困难。为此,国际标准化组织(International Standards Organization,ISO)成立了一个专门机构来研究和开发新一代的计算机网络。经过多年的努力,于 1984 年正式颁布了"开放系统互联基本参考模型"(Open System Interconnection Reference Model,OSI/RM),该模型为不同厂商之间开发可互操作的网络部件提供了基本依据,从此,计算机网络进入了标准化时代。我们将体系结构标准化的计算机网络称为第三代计算机网络,也称为计算机互联网络。

4. 第四代计算机网络

第四代计算机网络又称高速互联网络(或高速 Internet)。随着互联网的迅猛发展,人们对远程教学、远程医疗、视频会议等多媒体应用的需求大幅度增加。这样,基于传统电信网络为信息载体的计算机互联网络不能满足人们对网络速度的要求,促使网络由低速向高速、由共享到交换、由窄带向宽带迅速发展,即由传统的计算机互联网络向高速互联网络发展。目前对于互联网的主干网来说,各种宽带组网技术日益成熟和完善,以 IP 技术为核心的计算机网络已经成为网络(计算机网络和电信网络)的主体,通过 Internet 可以实现计算资源、存储资源、数据资源、信息资源、通信资源、软件资源和知识资源的全面共享。

1.1.2　计算机网络的定义

关于计算机网络这一概念的描述,从不同的角度出发,可以给出不同的定义。简单地说,计算机网络就是由通信线路互相连接的许多独立工作的计算机构成的集合体。这里强调构成网络的计算机是独立工作的,这是为了和多终端分时系统相区别。

从应用的角度来讲,只要将具有独立功能的多台计算机连接起来,能够实现各台计算机之间信息的互相交换,并可以共享计算机资源的系统就是计算机网络。

从资源共享的角度来讲,计算机网络就是一组具有独立功能的计算机和其他设备,以允许用户相互通信和共享资源的方式互联在一起的系统。

从技术角度来讲,计算机网络就是由特定类型的传输介质(如双绞线、同轴电缆和光纤等)和网络适配器互联在一起的计算机,并受网络操作系统监控的网络系统。

我们可以将计算机网络这一概念系统地定义为:计算机网络就是将地理位置不同,并具有独立功能的多个计算机系统通过通信设备和通信线路连接起来,并且以功能完善的网络软件(网络协议、信息交换方式以及网络操作系统等)实现网络资源共享的系统。

1.1.3　计算机网络的功能

计算机技术和通信技术结合而产生的计算机网络,不仅使计算机的作用范围超越了地理位置的限制,而且也增大了计算机本身的威力,拓宽了服务,使得它在各个领域发挥了重要作用,成为目前计算机应用的主要形式。计算机网络主要具有以下功能。

1. 数据通信

数据通信即实现计算机与终端、计算机与计算机之间的数据传输,是计算机网络最基本的功能,也是实现其他功能的基础。如电子邮件、传真、远程数据交换等。

2. 资源共享

资源共享是计算机网络的主要功能,在计算机网络中有很多昂贵的资源,例如大型数据库、巨型计算机等,并非为每一个用户所拥有,所以必须实现资源共享。网络中可共享的资源有硬件资源、软件资源和数据资源,其中共享数据资源最为重要。资源共享的结果是避免重复投资和劳动,从而提高资源的利用率,使系统的整体性价比得到改善。

3. 提高系统的可靠性

在一个系统内,单个部件或计算机的暂时失效必须通过替换资源的办法来维持系统的继续运行。而在计算机网络中,每种资源(特别是程序和数据)可以存放在多个地点,用户可以通过多种途径来访问网内的某个资源,从而避免了单点失效对用户产生的影响。

4. 进行分布处理

网络技术的发展,使得分布式计算成为可能。当需要处理一个大型作业时,可以将这个作业通过计算机网络分散到多个不同的计算机系统中分别处理,从而提高处理速度,充分发挥设备的利用率。利用这项功能,可以将分散在各地的计算机资源集中起来进行重大科研项目的联合研究和开发。

5. 集中处理

通过计算机网络,可以将某个组织的信息进行分散、分级、集中处理与管理,这是计算机网络最基本的功能。一些大型的计算机网络信息系统正是利用了此项功能,如银行系统、订票系统等。

1.1.4 计算机网络的分类

计算机网络的分类方法很多,从不同的角度出发,会有不同的分类方法,表 1-1 列举了目前计算机网络的主要分类方法。

表 1-1　计算机网络的分类

分 类 标 准	网 络 名 称
覆盖范围	局域网、城域网、广域网
管理方法	基于客户机/服务器的网络、对等网
网络操作系统	Windows 网络、Netware 网络、UNIX 网络等
网络协议	NetBEUI 网络、IPX/SPX 网络、TCP/IP 网络等
拓扑结构	总线型网络、星形网络、环形网络等
交换方式	线路交换、报文交换、分组交换
传输介质	有线网络、无线网络
体系结构	以太网、令牌环网、AppleTalk 网络等
通信传播方式	广播式网络、点到点式网络

1. 按覆盖范围分类

计算机网络由于覆盖的范围不同,所采用的传输技术也不同,因此按照覆盖范围进行分类,可以较好地反映不同类型网络的技术特征。按覆盖的地理范围,计算机网络可以分为局域网、城域网和广域网。

(1) 局域网

局域网(Local Area Network,LAN)通常是由某个组织拥有和使用的私有网络,由该组织负责安装、管理和维护网络的各个功能组件,包括网络布线、网络设备等。局域网的主要特点如下。

- 主要使用以太网组网技术。
- 互联的设备通常位于同一区域,如某栋大楼或某个园区。

- 负责连接各个用户并为本地应用程序和服务器提供支持。
- 基础架构的安装和管理由单一组织负责,容易进行设备更新和新技术引用。

（2）广域网

广域网（Wide Area Network,WAN）所涉及的范围可以为市、省、国家乃至世界范围,其中最著名的就是 Internet。由于开发和维护私有 WAN 的成本很高,大多数用户都从 ISP（Internet Service Provider,Internet 服务提供者）购买 WAN 连接,由 ISP 负责维护各 LAN 之间的后端网络连接和网络服务。广域网的主要特点如下。

- 互联的站点通常位于不同的地理区域。
- ISP 负责安装和管理 WAN 基础架构。
- ISP 负责提供 WAN 服务。
- LAN 在建立 WAN 连接时,需要使用边缘设备将以太网数据封装为 ISP 网络可以接受的形式。

（3）城域网

城域网（Metropolitan Area Network,MAN）是介于局域网与广域网之间的一种高速网络。最初,城域网主要用来互联城市范围内的各个局域网,目前城域网的应用范围已大大拓宽,能用来传输不同类型的业务,包括实时数据、语音和视频等。

2. 按组建属性分类

根据计算机网络的组建、经营和用户,特别是数据传输和交换系统的拥有性,可以将其分为公用网和专用网。

（1）公用网

公用网是由国家电信部门组建并经营管理,面向公众提供服务。任何单位和个人的计算机和终端都可以接入公用网,利用其提供的数据通信服务设施来实现自己的业务。

（2）专用网

专用网往往由一个政府部门或一个公司组建经营,未经许可其他部门和单位不得使用。其组网方式可以由该单位自行架设通信线路,也可利用公用网提供的"虚拟网"功能。

3. 按拓扑结构分类

计算机网络的拓扑（Topology）结构是指网络中的通信线路和各节点之间的几何排列,它是解释一个网络物理布局的形式图,主要用来反映了各个模块之间的结构关系。计算机网络拓扑结构的选择往往与传输介质的选择和介质访问控制方法的确定紧密相关,并决定着对网络设备的选择。

（1）总线型结构

总线型结构是用一条电缆作为公共总线,入网的节点通过相应接口连接到总线上,如图 1-3 所示。在这种结构中,网络中的所有节点处于平等的通信地位,都可以把自己要发送的信息送入总线,使信息在总线上传播,属于分布式传输控制关系。

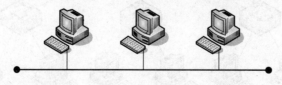

图 1-3　总线型结构

- 优点：节点的插入或拆卸比较方便，易于网络的扩充。
- 缺点：可靠性不高，如果总线出了问题，整个网络都不能工作，并且查找故障点比较困难。

（2）环形结构

在环形结构中，节点通过点到点通信线路连接成闭合环路，如图 1-4 所示。环中数据将沿一个方向逐站传送。

- 优点：拓扑结构简单，控制简便，结构对称性好。
- 缺点：环中每个节点与连接节点之间的通信线路都会转为网络可靠性的瓶颈，环中任何一个节点出现线路故障，都可能造成网络瘫痪，环中节点的加入和撤出过程都比较复杂。

（3）星形结构

在星形结构中，节点通过点到点通信线路与中心节点连接，如图 1-5 所示。目前在局域网中主要使用交换机充当星形结构的中心节点，控制全网的通信，任何两个节点之间的通信都要通过中心节点。

- 优点：结构简单，易于实现，便于管理，是目前局域网中最基本的拓扑结构。
- 缺点：网络的中心节点是全网可靠性的瓶颈，中心节点的故障将造成全网瘫痪。

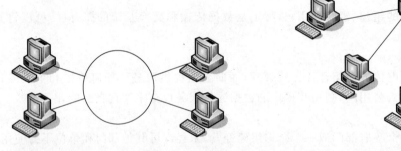

图 1-4　环形结构　　　　　　　　　　　　　　图 1-5　星形结构

（4）树形结构

在树形结构中，节点按层次进行连接，如图 1-6 所示，信息交换主要在上下节点之间进行。树形结构有多个中心节点（通常使用交换机），各个中心节点均能处理业务，但最上面的主节点有统管整个网络的能力。目前的大中型局域网几乎全部采用树形结构。

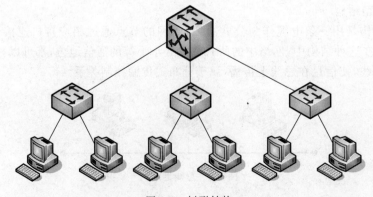

图 1-6　树形结构

- 优点：通信线路连接简单，网络管理软件也不复杂，维护方便。
- 缺点：可靠性不高，如中心节点出现故障，则和该中心节点连接的节点均不能工作。

（5）网状结构

在网状结构中，各节点通过冗余复杂的通信线路进行连接，并且每个节点至少与其他两个节点相连，如果有导线或节点发生故障，还有许多其他的通道可供进行两个节点间的通信，如图 1-7 所示。网状结构是广域网中的基本拓扑结构，较少用于局域网。其网络节点主要使用路由器。

- 优点：两个节点间存在多条传输通道，具有较高的可靠性。
- 缺点：结构复杂，实现起来费用较高，不易管理和维护。

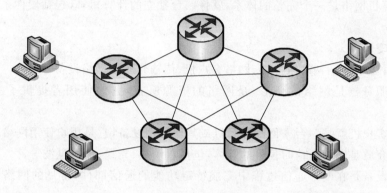

图 1-7　网状结构

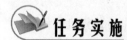 **任务实施**

操作 1　参观计算机网络实验室或机房

参观所在学校的计算机网络实验室或机房。根据所学的知识，对该网络的基本功能和类型进行简单分析。

操作 2　参观校园网或其他计算机网络

参观所在学校的网络中心及校园网，或根据具体条件参观其他计算机网络。根据所学的知识，对该网络的基本功能和类型进行简单分析。

任务 1.2　认识常用的网络设备和传输介质

 **任务目的**

（1）了解计算机网络的软硬件组成；

（2）认识计算机网络中常用的网络设备；

（3）认识计算机网络中常用的传输介质。

工作环境与条件

(1) 安装好 Windows 7 或其他 Windows 操作系统的计算机；

(2) 能够接入 Internet 的网络环境。

 **相关知识**

1.2.1 计算机网络的组成

整个计算机网络是一个完整的体系，就像一台独立的计算机，既包括硬件系统又包括软件系统。

1. 网络硬件

网络硬件主要包括网络服务器、网络客户机、传输介质和网络设备等。

- 网络服务器是网络的核心，是网络的资源所在，它为使用者提供了主要的网络资源。
- 网络客户机就是一台入网的计算机或其他终端设备，它是用户使用网络的窗口。
- 传输介质是网络通信时信号的载体，包括双绞线、光缆、无线电波等。
- 网络设备是在网络通信过程中完成特定功能的通信部件，常见的网络设备有集线器、交换机、路由器等。

2. 网络软件

网络软件是一种在网络环境下使用和运行或者控制和管理网络工作的计算机软件。根据软件的功能，计算机网络软件可分为网络系统软件和网络应用软件两大类型。网络系统软件是控制和管理网络运行、提供网络通信、分配和管理共享资源的网络软件，它包括网络操作系统、网络协议软件、通信控制软件和管理软件等。网络应用软件是指为某一个应用目的而开发的网络软件。

网络协议是通信双方关于通信如何进行所达成的协议，常见的网络协议有 TCP/IP 协议、NetBEUI 协议、IPX/SPX 协议等。

网络操作系统是网络软件的核心，用于管理、调度、控制计算机网络的多种资源，目前常用的计算机网络操作系统主要有 UNIX 系列、Windows 系列和 Linux 系列。

- UNIX 本是针对小型机主机环境开发的操作系统，是一种集中式分时多用户体系结构。这种网络操作系统历史悠久，其良好的网络管理功能已为广大网络用户所接受，稳定和安全性能非常好，但由于它多数是以命令方式来进行操作的，不容易掌握，主要用于大型的网站或大型局域网中。
- Microsoft 的 Windows 系统不仅在个人操作系统中占有绝对优势，它在网络操作系统中也是具有非常强劲的力量。这类操作系统配置在整个局域网配置中是最常见的，但由于其稳定性能不是很高，所以一般只是用在中低档服务器中。Microsoft 的网络操作系统主要有：Windows NT 4.0 Server、Windows 2000 Server、Windows Server 2003、Windows Server 2008 和 Windows Server 2012 等。

- Linux 是一个开放源代码的网络操作系统,可以免费得到许多应用程序。目前已经有很多中文版本的 Linux,如 Red Hat(红帽子)、红旗 Linux 等,在国内得到了用户充分的肯定。Linux 与 UNIX 有许多类似之处,具有较高的安全性和稳定性。

1.2.2 常用的网络设备

网络设备是在网络通信过程中完成特定功能的通信部件,不同的网络设备在网络中扮演着不同的角色。网络设备和传输介质共同实现了网络的连接。

1. 集线器

集线器(Hub)的主要功能是对接收到的信号进行再生整形放大,以扩大网络的传输距离,同时可以把所有节点集中在以它为中心的节点上,构建物理星形拓扑结构的网络。集线器不具备信号的定向传送能力,是标准的共享式设备。随着交换机价格的不断下降,集线器的市场已经越来越小。

2. 交换机

交换机(Switch)是一种用于信号转发的网络设备,网络中的各个节点可以直接连接到交换机的端口上,它可以为接入交换机的任意两个网络节点提供独享的信号通路。除了与计算机相连的端口之外,交换机还可以连接到其他的交换机以便形成更大的网络。随着计算机网络技术的发展,目前局域网组网主要采用以太网技术,而以太网的核心部件就是以太网交换机,图 1-8 所示为 Cisco 2960 以太网交换机。

3. 路由器

路由器(Router)是 Internet 的主要节点设备,具有判断网络地址和选择路径的功能。路由器能在多网络互联环境中建立灵活的连接,可用完全不同的数据分组和介质访问方法连接各种子网。路由器系统构成了基于 TCP/IP 的 Internet 的主体脉络,因此,在局域网、城域网乃至整个 Internet 中,路由器始终处于核心地位。对于局域网来说,路由器主要用来实现与城域网或 Internet 的连接。图 1-9 所示为 Cisco 2811 路由器。

图 1-8　Cisco 2960 以太网交换机

图 1-9　Cisco 2811 路由器

1.2.3 常用的传输介质

传输介质是网络中各节点之间的物理通路或信道,它是信息传递的载体。计算机网络

9

中所采用的传输介质分为两类：一类是有线的；一类是无线的。有线传输介质主要有双绞线、同轴电缆和光缆；无线传输介质包括无线电波和红外线等。

1．双绞线

双绞线一般由两根遵循 AWG（American Wire Gauge，美国线规）标准的绝缘铜导线相互缠绕而成。把两根绝缘的铜导线按一定密度绞在一起，可以降低信号干扰的程度。实际使用时，通常会把多对双绞线包在一个绝缘套管里，用于网络传输的典型双绞线是 4 对，也可将更多对双绞线放在一个电缆套管里，称为双绞线电缆。

（1）屏蔽双绞线和非屏蔽双绞线

屏蔽双绞线和非屏蔽双绞线的结构如图 1-10 所示，由图可知屏蔽双绞线电缆最大的特点在于封装在其中的双绞线与外层绝缘套管之间有一层金属材料。该结构能减小辐射，防止信息被窃听，同时还具有较高的数据传输率。但也使屏蔽双绞线电缆的价格相对较高，安装时要比非屏蔽双绞线困难，必须使用特殊的连接器，技术要求也比非屏蔽双绞线电缆高。与屏蔽双绞线相比，非屏蔽双绞线电缆外面只有一层绝缘胶皮，因而重量轻、易弯曲、易安装，组网灵活，非常适用于结构化布线。所以，在无特殊要求的计算机网络布线中，常使用非屏蔽双绞线电缆。

图 1-10　屏蔽双绞线和非屏蔽双绞线

（2）双绞线的电缆等级

类（category）是用来区分双绞线电缆等级的术语，不同的等级对双绞线电缆中的导线数目、导线扭绞数量以及能够达到的数据传输速率等具有不同的要求。

- 3 类双绞线：3 类双绞线带宽为 16MHz，传输速率可达 10Mbps。它被认为是 10Base-T 以太网安装可以接受的最低配置电缆，但现在已不再推荐使用。
- 4 类双绞线：4 类双绞线用来支持 16Mbps 的令牌环网，测试通过带宽为 20MHz，传输速率达 16Mbps。
- 5 类双绞线：5 类双绞线是用于快速以太网的双绞线电缆，最初指定带宽为 100MHz，传输速率达 100Mbps。在一定条件下，5 类双绞线可以用于 1000Base-T 网络，但要达到此目的，必须在电缆中同时使用多对线对以分摊数据流。目前，5 类双绞线仍广泛使用于电话、保安、自动控制等网络中，但在计算机网络布线中已失去市场。
- 超 5 类双绞线：超 5 类双绞线的传输带宽为 100MHz，传输速率可达到 100Mbps。

与 5 类电缆相比,具有更多的扭绞数目,可以更好地抵抗来自外部和电缆内部其他导线的干扰,从而提升了性能,在近端串扰、相邻线对综合近端串扰、衰减和衰减串扰方面比 4 个主要指标上都有了较大的改进。因此超 5 类双绞线具有更好的传输性能,更适合支持 1000Base-T 网络。

- 6 类双绞线:6 类双绞线主要应用于快速以太网和千兆位以太网中,传输带宽为 200～250MHz,最大速度可达到 1000Mbps。6 类双绞线改善了串扰以及回波损耗方面的性能,更适合于全双工的高速千兆网络的传输需求。
- 超 6 类双绞线:超 6 类双绞线主要应用于千兆位以太网,传输带宽是 500MHz,最大传输速度为 1000Mbps。与 6 类电缆相比,其在串扰、衰减等方面有了较大改善。
- 7 类双绞线:7 类双绞线全部采用屏蔽结构,能有效抵御线对之间的串扰,使得在同一根电缆上实现多个应用成为可能,其传输带宽为 600MHz,传输速率可达 10Gbps,主要用来支持万兆位以太网的应用。

2. 同轴电缆

同轴电缆是根据其构造命名的,铜导体位于核心,外面被一层绝缘体环绕,然后是一层屏蔽层,最外面是外护套,所有这些层都是围绕中心轴(铜导体)构造,因此这种电缆被称为同轴电缆,如图 1-11 所示。

图 1-11　同轴电缆

同轴电缆主要有以下类型。

- 50Ω 同轴电缆:也称作基带同轴电缆,特性阻抗为 50Ω,主要用于无线电和计算机局域网络。曾经广泛应用于传统以太网的粗缆和细缆。
- 75Ω 同轴电缆:也称作宽带同轴电缆,特性阻抗为 75Ω,主要用于视频传输,其屏蔽层通常是用铝冲压而成的。

在一些应用中,同轴电缆仍然优于双绞线电缆。首先双绞线电缆的导线尺寸较小,没有包含在同轴电缆中的铜缆结实,因此同轴电缆可以应用于许多无线电传输领域。另外同轴电缆能传输很宽的频带,从低频到甚高频,因此特别适合传输宽带信号(如有线电视系统、模拟录像等)。同轴电缆也有固有的缺点,例如安装时屏蔽层必须正确接地,否则会造成更大的干扰。另外一些同轴电缆的直径较大,会占用很大的空间。更重要的是同轴电缆支持的数据传输速度只有 10Mbps,无法满足目前局域网的传输速度要求,所以在计算机局域网布线中,已不再使用同轴电缆。

3. 光纤

光纤即光导纤维是一种传输光束的细而柔韧的媒质。光导纤维线缆由一捆光导纤维组成,简称为光缆。与铜缆相比,光缆本身不需要电,虽然其在铺设初期阶段所需的连接器、工具和人工成本很高,但其不受电磁干扰和射频干扰的影响,具有更高的数据传输率和更远的传输距离,并且不用考虑接地问题,对各种环境因素具有更强的抵抗力。这些特点使得光缆在某些应用中更具有吸引力,成为目前计算机网络中常用的传输介质之一。

(1) 光纤的结构

计算机网络中的光纤主要是采用石英玻璃制成的,横截面积较小的双层同心圆柱体。裸光纤由光纤芯、包层和涂覆层组成,如图 1-12 所示。折射率高的中心部分叫作光纤芯,折射率低的外围部分叫包层。光以不同的角度进入光纤芯,在包层和光纤芯的界面发生反射,进行远距离传输。

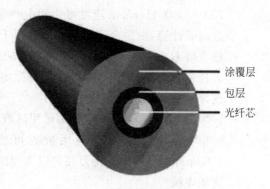

图 1-12　裸光纤的结构

(2) 光纤通信系统

光纤通信系统是以光波为载体、以光纤为传输介质的通信方式。光纤通信系统的组成如图 1-13 所示。在光纤发送端,主要采用两种光源:发光二极管 LED 与注入型激光二极管 ILD。在接收端将光信号转换成电信号时,要使用光电二极管 PIN 检波器。

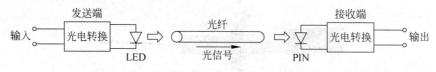

图 1-13　光纤通信系统

(3) 单模光纤和多模光纤

光纤有两种形式:单模光纤和多模光纤。单模光纤使用光的单一模式传送信号,而多模光纤使用光的多种模式传送信号。光传输中的模式是指一根以特定角度进入光纤芯的光线,因此可以认为模式是指以特定角度进入光纤的具有相同波长的光束。

单模光纤和多模光纤在结构以及布线方式上有很多不同,如图 1-14 所示。单模光纤只允许一束光传播,没有模分散的特性,光信号损耗很低,离散也很小,传播距离远,单模导入波长为 1310nm 和 1550nm。多模光纤是在给定的工作波长上,以多个模式同时传输的光纤,从而形成模分散,限制了带宽和距离,因此,多模光纤的芯径大,传输速度低、距离短,成本低,多模导入波长为 850nm 和 1300nm。

多模光纤可以使用 LED 作为光源,而单模光纤必须使用激光光源,从而可以把数据传输到更远的距离。由于这些特性,单模光纤主要用于建筑物之间的互联或广域网连接,多模光纤主要用于建筑物内的局域网干线连接。

单模光纤和多模光纤的纤芯和包层具有多种不同的尺寸,尺寸的大小将决定光信号在光纤中的传输质量。目前常见的单模光纤主要有 8.3μm/125μm(纤芯直径/包层直径)、9μm/125μm 和 10μm/125μm 等规格;常见的多模光纤主要有 50μm/125μm、62.5μm/125μm、100μm/140μm 等规格。局域网布线中主要使用具有 62.5μm/125μm 的多模光纤;

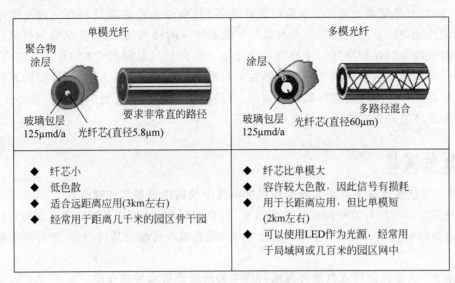

图 1-14 单模光纤和多模光纤的比较

在传输性能要求更高的情况下也可以使用 $50\mu m/125\mu m$ 的多模光纤。

（4）光纤通信系统的特点

与铜缆相比,光纤通信系统的主要优点如下。

- 传输频带宽,通信容量大;
- 线路损耗低,传输距离远;
- 抗干扰能力强,应用范围广;
- 线径细,重量轻;
- 抗化学腐蚀能力强;
- 光纤制造资源丰富。

与铜缆相比,光纤通信系统的主要缺点如下。

- 初始投入成本比铜缆高;
- 更难接受错误地使用;
- 光纤连接器比铜连接器脆弱;
- 端接光纤需要更高级别的训练和技能;
- 相关的安装和测试工具价格高。

（5）光缆的种类

光缆有多种结构,它可以包含单一或多根光纤束、不同类型的绝缘材料、包层甚至铜导体,以适应各种不同环境、不同要求的应用。光缆有多种分类方法,目前在计算机网络中主要按照光缆的使用环境和敷设方式对光缆进行分类。

- 室内光缆:室内光缆的抗拉强度较小,保护层较差,但也更轻便、更经济。室内光缆主要适用于建筑物内的计算机网络布线。
- 室外光缆:室外光缆的抗拉强度比较大,保护层厚重,在计算机网络中主要用于建筑物外网络布线,根据敷设方式的不同,室外光缆可以分为架空光缆、管道管缆、直埋光缆、隧道光缆和水底光缆等。

- 室内/室外通用光缆：由于敷设方式的不同，室外光缆必须具有与室内光缆不同的结构特点。室外光缆要承受水蒸气扩散和潮气的侵入，必须具有足够的机械强度及对啮咬等的保护措施。室外光缆由于有 PE 护套及易燃填充物，不适合室内敷设，因此人们在建筑物的光缆入口处为室内光缆设置了一个移入点，这样室内光缆才能可靠地在建筑物内进行敷设。室内/室外通用光缆既可在室内也可在室外使用，不需要在室外向室内的过渡点进行熔接。

 任务实施

操作 1　认识计算机网络实验室或机房网络中的网络设备和传输介质

参观所在学校的计算机网络实验室或机房，根据所学的知识，了解并熟悉该网络使用的网络设备和传输介质，列出该网络所使用的网络设备以及传输介质的品牌、型号和主要性能指标。

操作 2　认识校园网或其他计算机网络中的网络设备和传输介质

参观所在学校的网络中心和校园网，或根据具体条件参观其他计算机网络。根据所学的知识，了解并熟悉该网络使用的网络设备和传输介质，列出该网络所使用的网络设备以及传输介质的品牌、型号和主要性能指标。

任务 1.3　认识 Internet

 任务目的

（1）理解 Internet 的概念；

（2）了解 Internet 的组成结构；

（3）了解 Internet 的管理机构；

（4）了解 Internet 中的常用服务。

 工作环境与条件

（1）安装好 Windows 7 或其他 Windows 操作系统的计算机；

（2）能够接入 Internet 的网络环境；

（3）本地区各 ISP 提供的接入服务的相关资料。

 **相关知识**

1.3.1　Internet 的概念

Internet 的中文译名为因特网，又叫作国际互联网。它是在 1969 年由 ARPA（Advanced Research Projects Agency，美国国防部研究计划署）因军事目的而建立，后将美国西南部的加利福尼亚大学洛杉矶分校、斯坦福大学研究学院、加利福尼亚大学和犹他州大学的四台主要的计算机连接起来。目前 Internet 已经是由使用公用语言互相通信的计算机连接而成的全球网络。1995 年 10 月 24 日,"联合网络委员会"(FNC)通过了一项关于Internet 的决议,"联合网络委员会"认为,下述语言反映了对 Internet 这个词的定义。

Internet 指的是全球性的信息系统。

- 通过全球性的唯一的地址逻辑地链接在一起。这个地址是建立在"Internet 协议"(IP)或今后其他协议基础之上的。
- 可以通过"传输控制协议"(TCP)和"Internet 协议"(IP),或者今后其他接替的协议或与"Internet 协议"(IP)兼容的协议来进行通信。
- 以让公共用户或者私人用户使用高水平的服务。这种服务是建立在上述通信及相关的基础设施之上的。

"联合网络委员会"是从技术的角度来定义 Internet 的,这个定义至少揭示了三个方面的内容:首先,Internet 是全球性的;其次,Internet 上的每一台主机都需要有"地址";最后,这些主机必须按照共同的规则(协议)连接在一起。

1.3.2 Internet 的组成结构

Internet 由分布在世界各地的广域网、城域网与局域网互联而成,其组成结构非常复杂并且不断变化。整体上看,Internet 是多层次的网络结构,大多数国家的 Internet 包括 3 个层次,如图 1-15 所示。

- 主干网:Internet 的基础和支柱,主要由政府提供的多个主干网络互联而成。
- 中间层网:主要由地区网络和商业网络组成。
- 低层网:主要由低层的学校、企业等单位网络组成。

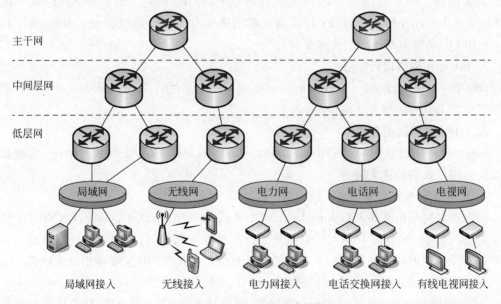

图 1-15 Internet 的组成结构

如图 1-15 所示,Internet 由通信网络、通信线路、路由器、主机等硬件,以及分布在主机内的软件和信息资源组成。

- 通信网络:主要指分布在世界各地,实现局域网、主机接入 Internet 的各种广域网,如帧中继、DDN、ISDN 等。
- 通信线路:主要指局域网、主机接入广域网的线路,以及局域网本身的传输介质。
- 路由器:由于 Internet 的网络结构非常复杂,数据通信中的源主机和目的主机之间通常会存在多条传输路径,路由器的路由选择功能是 Internet 必不可少的,所以路由器是最基本的实现 Internet 连接和局域网接入 Internet 的设备。
- 主机:主机不但承担数据处理的任务,也是 Internet 信息资源与服务的载体。主机可以是普通的微型机,也可以小型机、大型机等各类计算机系统。当然,根据作用不同,可以把主机分为服务器和客户机。
- 信息资源:Internet 不但为广大用户提供了便利的交流手段,更提供了丰富的信息资源,Internet 的信息资源可以是文本、图像、声音、视频等多种媒体形式。

1.3.3 Internet 的管理机构

由于 Internet 是一个通过统一协议和互联设备连接起来的,不为任何国家和部门所有的公用网络,因此 Internet 并没有一个具有绝对权威的管理机构。以下是国内外主要的 Internet 管理机构。

1. Internet 体系结构委员会

Internet 体系结构委员会(Internet Architecture Board,IAB)的职责是制定 Internet 的技术标准、制定并发布 Internet 工作文件、制定 Internet 技术的发展规划并进行 Internet 技术的国际协调。IAB 的国际互联网工程任务组(The Internet Engineering Task Force,IETF)负责 Internet 的技术管理;IAB 的互联网研究专门工作组(Internet Research Task Force,IRTF)负责 Internet 的技术发展。

2. Internet 网络运行中心

Internet 网络运行中心(Network Operation Center,NOC)负责保证 Internet 的日常运行以及监督 Internet 相关活动。

3. Internet 网络信息中心

Internet 网络信息中心(Network Information Center,NIC)负责为 Internet 代理服务商及广大用户提供信息支持。

4. 中国互联网络信息中心

中国互联网络信息中心(China Internet Network Information Center,CNNIC)是经国家主管部门批准,于 1997 年 6 月 3 日组建的管理和服务机构,行使国家互联网络信息中心的职责。作为中国信息社会基础设施的建设者和运行者,CNNIC 主要承担以下职责。

- 向中国的 Internet 用户提供域名注册、IP 地址分配等服务。
- 向中国的 Internet 用户提供政策法规、网络技术资料、入网方法、用户培训资料等方面的信息服务。
- 向中国的 Internet 用户提供网络通信目录、主页目录与各种信息库的目录服务。

1.3.4　ISP、ICP 和 IDC

1. ISP

ISP（Internet Service Provider）就是 Internet 服务提供者，具体是指为用户提供 Internet 接入服务、为用户制定基于 Internet 的信息发布平台以及提供基于物理层技术支持的服务商，包括一般意义上所说的网络接入服务商（IAP）、网络平台服务商（IPP）和目录服务提供商（IDP）。ISP 是用户和 Internet 之间的桥梁，是用户接入 Internet 的服务代理和用户访问 Internet 的入口点，它位于 Internet 的边缘，用户通过某种通信线路连接到 ISP，借助 ISP 与 Internet 的连接通道便可以接入 Internet。

各国和各地区都有自己的 ISP，在我国具有国际出口线路的四大 Internet 运营机构（CHINANET、CHINAGBN、CERNET、CASNET）在全国各地都设置了自己的 ISP 机构。CHINANET 是我国电信部门经营管理的基于 Internet 网络技术的中国公用 Internet 网，通过 CHINANET 的灵活接入方式和遍布全国各城市的接入点，可以方便地接入国际 Internet，享用 Internet 上的丰富资源和各种服务。CHINANET 由核心层、区域层和接入层组成，核心层主要提供国内高速中继通道和连接接入层，同时负责与国际 Internet 的互联；接入层主要负责提供用户端口以及各种资源服务器。

2. ICP

ICP（Internet Content Provider，Internet 内容提供商）指利用 ISP 线路，通过设立的网站向广大用户综合提供信息业务和增值业务，允许用户在其域名范围内进行信息发布和信息查询，像新浪、搜狐等都是国内知名的 ICP。

3. IDC

IDC（Internet Data Center，Internet 数据中心）是电信部门利用已有的 Internet 通信线路、带宽资源，建立标准化的电信专业级机房环境，为企业、政府提供服务器托管、租用以及相关增值等方面的全方位服务。通过使用电信的 IDC 服务器托管业务，企业或政府单位无须再建立自己的专门机房、铺设昂贵的通信线路，也无须高薪聘请网络工程师，即可解决自己使用 Internet 的许多专业需求。IDC 主机托管主要应用范围是网站发布、虚拟主机和电子商务等。

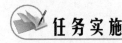
任务实施

操作 1　熟悉 Internet 中的常用服务

目前 Internet 上提供了各种各样的网络服务，如万维网（WWW）及其信息服务、搜索引擎、即时通信、网络新闻、电子邮件、远程登录、BBS、博客、微博、个人空间等。请根据个人实际情况，列举经常使用的 Internet 服务及所用的具体系统平台。

操作 2　了解本地 ISP 提供的主要业务

了解本地区主要 ISP 的基本情况，通过 Internet 登录其网站或走访其业务厅，了解该 ISP 提供的主要业务，了解这些业务的主要特点和资费标准，思考这些业务分别适合什么样的用户群。

习 题 1

1. 计算机网络的发展可划分为几个阶段？每个阶段各有什么特点？
2. 简述计算机网络的常用分类方法。
3. 简述局域网和广域网的区别。
4. 简述计算机网络的组成。
5. 简述屏蔽双绞线和非屏蔽双绞线的区别。
6. 简述单模光纤和多模光纤的区别。
7. 什么是 Internet？简述 Internet 的组成结构。

模块 2　安装与设置 Internet 协议

　　计算机网络由多个互连的节点组成，要做到各节点之间有条不紊地交换数据，每个节点都必须遵守一些事先约定好的规则，这些规则明确地规定了所交换数据的格式和时序。这些为网络数据交换而制定的规则、约定与标准被称为网络协议，只有遵循相同网络协议的计算机之间才能直接进行数据通信。TCP/IP 是多个独立定义的协议的集合，是 Internet 的标准协议，只有正确安装与设置了 TCP/IP 的计算机才能够接入 Internet。TCP/IP 目前有两个版本，分别是 Internet 协议版本 4(TCP/IPv4)和 Internet 协议版本 6(TCP/IPv6)。本模块的主要目标是了解网络体系结构和 TCP/IP 协议模型，能够完成 Internet 协议版本 4(TCP/IPv4)和 Internet 协议版本 6(TCP/IPv6)的安装和基本设置。

任务 2.1　安装 TCP/IP 协议

 任务目的

　　(1) 理解网络协议在计算机网络中的作用；
　　(2) 了解 OSI 参考模型；
　　(3) 理解 TCP/IP 协议模型；
　　(4) 掌握 Windows 环境下 TCP/IP 协议的安装与测试方法。

 工作环境与条件

　　(1) 安装好 Windows 7 或其他 Windows 操作系统的计算机；
　　(2) 能够接入 Internet 的网络环境。

 相关知识

2.1.1　OSI 参考模型

　　由于历史原因，计算机和通信工业界的组织机构和厂商在网络产品方面制定了不同的协议和标准。为了协调这些协议和标准，提高网络行业的标准化水平，以适应不同网络系统的相互通信，CCITT(国际电报电话咨询委员会)和 ISO(国际标准化组织)组织制定了 OSI (Open System Interconnection，开放系统互联)参考模型。它可以为不同网络体系提供参

照,将不同机制的计算机系统联合起来,使它们之间可以相互通信。

计算机网络是一个非常复杂的系统,需要解决的问题很多并且性质各不相同,所以人们在设计网络时,提出了"分层次"的思想。"分层次"是人们处理复杂问题的基本方法,对于一些难以处理的复杂问题,通常可以分解为若干个较容易处理的小一些的问题。在计算机网络设计中,可以将网络总体要实现的功能分配到不同的模块中,并对每个模块要完成的服务及服务实现过程进行明确的规定,每个模块就叫作一个层次。这种划分可以使不同的网络系统分成相同的层次,不同系统的同等层具有相同的功能,高层使用低层提供的服务时不需知道低层服务的具体实现方法,从而大大降低了网络的设计难度。

在计算机网络层次结构中,各层有各层的协议。网络协议对计算机网络是不可缺少的,一个功能完备的计算机网络需要制定一整套复杂的协议集。对于结构复杂的网络协议来说,最好的组织方式是层次结构模型。

OSI 参考模型共分七层,从低到高的顺序为:物理层、数据链路层、网络层、传输层、会话层、表示层和应用层。图 2-1 所示为 OSI 参考模型层次示意图。

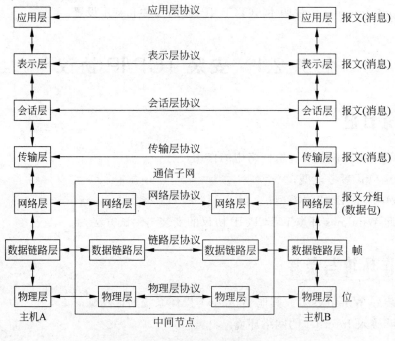

图 2-1　OSI 参考模型

OSI 参考模型各层的基本功能如图 2-2 所示。

(1) 物理层

物理层主要提供相邻设备间的二进制(bits)传输,即利用物理传输介质为上一层(数据链路层)提供一个物理连接,通过物理连接透明地传输比特流。所谓透明传输是指经实际物理链路后传送的比特流没有变化,任意组合的比特流都可以在该物理链路上传输,物理层并不知道比特流的含义。物理层要考虑的是如何发送 0 和 1,以及接收端如何识别。

(2) 数据链路层

数据链路层主要负责在两个相邻节点间的线路上无差错地传送以帧(Frame)为单位的

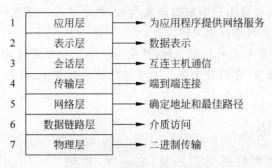

图 2-2　OSI 模型各层的功能

数据,每一帧包括一定的数据和必要的控制信息,接收节点接收到的数据出错时要通知发送方重发,直到这一帧准确无误地到达接收节点。数据链路层就是把一条有可能出错的实际链路变成让网络层看来好像不出错的链路。

(3) 网络层

网络层的主要功能是将网络地址翻译成对应的物理地址,并决定如何将数据从发送方路由到接收方。该层将数据转换成一种称为包(Packet)的数据单元,每一个数据包中都含有目的地址和源地址,以满足路由的需要。网络层可对数据进行分段和重组。分段是指当数据从一个能处理较大数据单元的网段传送到仅能处理较小数据单元的网段时,网络层减小数据单元的大小的过程。重组过程即为重构被分段的数据单元。

(4) 传输层

传输层的任务是根据通信子网的特性最佳地利用网络资源,并以可靠和经济的方式为两个端系统的会话层之间建立一条传输连接,以透明的方式传输报文(Message)。传输层把从会话层接收的数据划分成网络层所要求的数据包,并在接收端再把经网络层传来的数据包重新装配,提供给会话层。传输层位于高层和低层的中间,起承上启下的作用,它的下面三层实现面向数据的通信,上面三层实现面向信息的处理,传输层是数据传送的最高一层,也是最重要和最复杂的一层。

(5) 会话层

会话层虽然不参与具体的数据传输,但它负责对数据进行管理,负责为各网络节点应用程序或者进程之间提供一套会话设施,组织和同步它们的会话活动,并管理其数据交换过程。这里"会话"是指两个应用进程之间为交换面向进程的信息而按一定规则建立起来的一个暂时联系。

(6) 表示层

表示层主要提供端到端的信息传输。在 OSI 参考模型中,端用户(应用进程)之间传送的信息数据包含语义和语法两个方面。语义是信息数据的内容及其含义,它由应用层负责处理。语法与信息数据表示形式有关,例如信息的格式、编码、数据压缩等。表示层主要用于处理应用实体面向交换的信息的表示方法,包含用户数据的结构和在传输时的比特流或字节流的表示。这样即使每个应用系统有各自的信息表示法,但被交换的信息类型和数值仍能用一种共同的方法来表示。

(7) 应用层

应用层是计算机网络与最终用户的界面,提供完成特定网络服务功能所需的各种应用程序协议。应用层主要负责用户信息的语义表示,确定进程之间通信的性质以满足用户的需要,并在两个通信者之间进行语义匹配。

注意:OSI 参考模型定义的标准框架,只是一种抽象的分层结构,具体的实现则有赖于各种网络体系的具体标准,它们通常是一组可操作的协议集合,对应于网络分层,不同层次有不同的通信协议。

2.1.2 TCP/IP 协议

TCP/IP 是指一整套数据通信协议,它是 20 世纪 70 年代中期美国国防部为其 ARPANET 广域网开发的网络体系结构和协议标准,其名字是由这些协议中的主要两个协议组成,即传输控制协议(Transmission Control Protocol,TCP)和网际协议(Internet Protocol,IP)。实际上,TCP/IP 框架包含了大量的协议和应用,TCP/IP 是多个独立定义的协议的集合,简称为 TCP/IP 协议集。虽然 TCP/IP 不是 ISO 标准,但其作为 Internet/Intranet 中的标准协议,已经成为一种"事实上的标准"。

1. TCP/IP 模型的层次结构

TCP/IP 模型由四个层次组成,TCP/IP 模型与 OSI 参考模型之间的关系如图 2-3 所示。

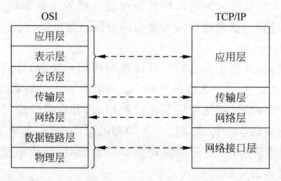

图 2-3 TCP/IP 模型

(1) 应用层

应用层为用户提供网络应用,并为这些应用提供网络支撑服务,把用户的数据发送到低层,为应用程序提供网络接口。由于 TCP/IP 将所有与应用相关的内容都归为一层,所以在应用层要完成高层协议、数据表达和对话控制等任务。

(2) 传输层

传输层的作用是提供可靠的点到点的数据传输,能够确保源节点传送的数据包正确到达目标节点。为保证数据传输的可靠性,传输层协议也提供了确认、差错控制和流量控制等机制。传输层从应用层接收数据,并且在必要的时候把它分成较小的单元再传递给网络层,以便确保到达对方的各段信息正确无误。

(3) 网络层

网络层的主要功能是负责通过网络接口层发送 IP 数据包,或接收来自网络接口层的帧,并将其转为 IP 数据包,然后把 IP 数据包发往网络中的目的节点。为正确地发送数据,网络层还具有路由选择、拥塞控制的功能。这些数据报达到的顺序和发送顺序可能不同,因此如果需要按顺序发送及接收时,传输层必须对数据报排序。

（4）网络接口层

在 TCP/IP 模型中没有真正描述这一部分内容,网络接口层相当于 OSI 参考模型中的下两层,可以是任何一个能传输数据报的通信系统,这些系统大到广域网、小到局域网甚至点到点连接,包括 Ethernet 802.3、Token Ring 802.5、X.25、HDLC、PPP 等,正是这一点使得 TCP/IP 具有相当的灵活性。

2. TCP/IP 模型的数据处理过程

与 OSI 参考模型一样,TCP/IP 网络上源主机的协议层与目的主机的同层协议层之间,通过下层提供的服务实现对话。源主机和目的主机的同层实体称为对等实体或对等进程,它们之间的对话实际上是在源主机协议层上从上到下,然后穿越网络到达目的主机后再在协议层从下到上到达相应层。图 2-4 给出了 TCP/IP 的基本数据处理过程。

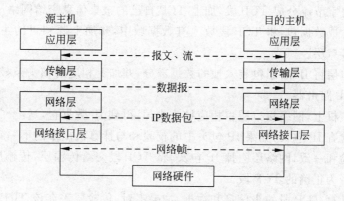

图 2-4　TCP/IP 的基本数据处理过程

TCP/IP 模型各层的一些主要协议如图 2-5 所示,其主要特点是在应用层有很多协议,而网络层和传输层协议少而确定,这恰好表明 TCP/IP 协议可以应用到各式各样的网络上,同时也能为各式各样的应用提供服务。正因为如此,Internet 才发展到今天的这种规模。表 2-1 给出了 TCP/IP 主要协议所提供的服务。

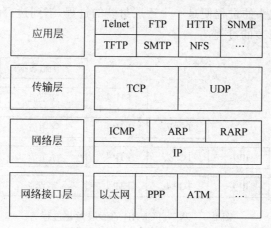

图 2-5　TCP/IP 模型的主要协议

表 2-1 TCP/IP 主要协议所提供的服务

协 议	提供服务	相 应 层 次
IP	数据包服务	网络层
ICMP	差错和控制	网络层
ARP	IP 地址→物理地址	网络层
RARP	物理地址→IP 地址	网络层
TCP	可靠性服务	传输层
FTP	文件传送	应用层
Telnet	终端仿真	应用层

下面以使用 TCP 协议传送文件(如 FTP 应用程序)为例,说明 TCP/IP 模型的数据处理过程。

- 在源主机上,应用层将一串字节流传给传输层。
- 传输层将字节流分成 TCP 段,加上 TCP 自己的报头信息交给网络层。
- 网络层生成数据包,将 TCP 段放入其数据域中,并加上源和目的主机的 IP 包头交给网络接口层。
- 网络接口层将 IP 数据包装入帧的数据部分,并加上相应的帧头及校验位,发往目的主机或 IP 路由器。
- 在目的主机上,网络接口层将相应帧头去掉,得到 IP 数据包,送给网络层。
- 网络层检查 IP 包头,如果 IP 包头中的校验和与计算机出来的不一致,则丢弃该包。
- 如果检验和一致,网络层去掉 IP 包头,将 TCP 段交给传输层,传输层检查顺序号来判断是否为正确的 TCP 段。
- 传输层计算 TCP 段的头信息和数据,如果不对,传输层丢弃该 TCP 段,否则向源主机发送确认信息。
- 传输层去掉 TCP 头,将字节传送给应用程序。
- 最终,应用程序收到了源主机发来的字节流,与源主机应用程序发送的相同。

实际上每往下一层,便多加了一个包头,而这个包头对上层来说是透明的,上层根本感觉不到下层包头的存在。如图 2-6 所示,假设物理网络是以太网,上述基于 TCP/IP 的文件传输(FTP)应用加入包头的过程便是一个逐层封装的过程,当到达目的主机时,则是从下而上去掉包头的一个解封装的过程。

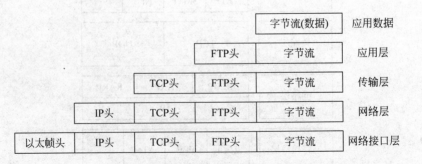

图 2-6 基于 TCP/IP 的逐层封装过程

从用户角度看,TCP/IP 协议提供一组应用程序,包括电子邮件、文件传送、远程登录等,用户使用其可以很方便地获取相应网络服务;从程序员的角度看,TCP/IP 提供两种主要服务,包括无连接报文分组传输服务和面向连接的可靠数据流传输服务,程序员可以用它们来开发适合相应应用环境的应用程序;从设计的角度看,TCP/IP 主要涉及寻址、路由选择和协议的具体实现。

2.1.3　Windows 网络组件

要实现 Windows 系统的网络功能,必须安装好网卡并完成网络组件的安装和配置。

1. 网络组件的配置流程

- 配置网络硬件:确认网卡等网络硬件已经正确连接。
- 配置系统软件:确认操作系统已经正常运行。
- 配置网卡驱动程序:确保操作系统中的网卡驱动程序安装正确。
- 配置网络组件:网络中的组件是实现网络通信和服务的基本保证。

2. 网络组件的类型

网络组件有很多种类型,主要包括客户端、服务和协议。

(1) 客户端

客户端组件提供了网络资源访问的条件。Windows 7 系统提供了"Microsoft 网络客户端"组件,配置了该组件的计算机可以访问 Microsoft 网络上的各种软硬件资源。

(2) 服务

服务组件是网络中可以提供给用户的网络功能。在 Windows 7 系统中,最基本的服务组件是"Microsoft 网络的文件和打印机共享"。配置了该组件的计算机将允许网络上的其他计算机通过 Microsoft 网络访问本地计算机资源。

(3) 协议

协议是网络中相互通信的规程和约定,也就是说,协议是网络各部件通信的语言,只有安装了相同协议的两台计算机才能相互通信。Windows 7 系统支持的协议有以下类型。

- Internet 协议版本 4(TCP/IPv4):该协议是默认的 Internet 协议。
- Internet 协议版本 6(TCP/IPv6):该协议是新版本的 Internet 协议。
- QoS 数据包计划程序:提供网络流量控制,如流量率和优先级服务。
- 链路层拓扑发现响应程序:允许在网络上发现和定位该 PC。
- 链路层拓扑发现映射器 I/O 驱动程序:用于发现和定位网络上的其他 PC、设备和网络基础结构组件,也可用于确定网络带宽。

 **任务实施**

操作 1　安装和测试 Internet 协议版本 4(TCP/IPv4)

Windows 操作系统一般会自动安装 Internet 协议版本 4(TCP/IPv4)。在 Windows 7 操作系统中,手动安装 Internet 协议版本 4(TCP/IPv4)的基本操作步骤如下。

(1) 在"控制面板"中单击"网络和 Internet",打开"网络和 Internet"窗口,如图 2-7 所示。

图 2-7 "网络和 Internet"窗口

（2）在"网络和 Internet"窗口中单击"网络与共享中心"，打开"网络和共享中心"窗口，如图 2-8 所示。

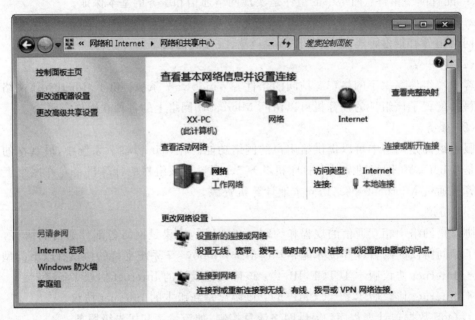

图 2-8 "网络和共享中心"窗口

（3）在"网络和共享中心"窗口中单击"更改适配器设置"，打开"网络连接"窗口。

（4）在"网络连接"窗口右击要配置的网络连接（如"本地连接"），在弹出的菜单中选择"属性"命令，打开"本地连接 属性"对话框，如图 2-9 所示。

（5）在"本地连接 属性"对话框中可以看到已经安装的网络组件。若 Internet 协议版本4（TCP/IPv4）没有安装，则可单击"安装"按钮，打开"选择网络功能类型"对话框，如图 2-10 所示。

（6）在"选择网络功能类型"对话框中选择"协议"组件，单击"添加"按钮，打开"选择网络协议"对话框。

（7）在"选择网络协议"对话框中选择想要安装的网络协议，单击"从磁盘安装"按钮，系统会自动安装相应的网络协议。

注意："本地连接"是与网卡对应的。如果在计算机中安装了两块以上的网卡，那么在

图 2-9　"本地连接 属性"对话框　　　　图 2-10　"选择网络功能类型"对话框

"网络连接"窗口中会出现两个以上的"本地连接",系统会自动以"本地连接""本地连接1"
"本地连接2"进行命名,用户可以进行重命名。另外,在"网络连接"窗口中还可能会出现
"无线网络连接"和"宽带连接"。每个网络连接的网络组件可以分别进行安装和设置。

在 Windows 系统中,可以利用 ping 命令测试验证网卡硬件与 Internet 协议版本 4
(TCP/IPv4)是否正常运行,计算机能否正常接收或发送 TCP/IPv4 数据包。具体操作方法
为:依次选择"开始"→"所有程序"→"附件"→"命令提示符"命令,在"命令提示符"环境输
入命令"ping 127.0.0.1"。如果网卡硬件与 Internet 协议版本 4(TCP/IPv4)正常,则运行
结果如图 2-11 所示。

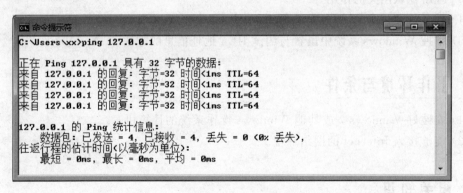

图 2-11　测试 Internet 协议版本 4(TCP/IPv4)是否正常运行

操作 2　安装和测试 Internet 协议版本 6(TCP/IPv6)

随着 Internet 及其所提供服务的迅猛发展,Internet 协议版本 4(TCP/IPv4)出现了 IP
地址枯竭、路由表容量过大、安全性不足等问题。Internet 协议版本 6(TCP/IPv6)是 IETF
设计的新一代互联网协议,它弥补了 Internet 协议版本 4(TCP/IPv4)存在的主要问题,可
以更好地适应当前网络的发展需要。Internet 协议版本 6(TCP/IPv6)是 Windows 7 操作

系统默认安装的网络组件,而在 Windows XP 操作系统中并不会自动安装,手动安装 Internet 协议版本 6(TCP/IPv6)的操作步骤与安装 Internet 协议版本 4(TCP/IPv4)相同, 这里不再赘述。在 Windows 系统中,同样可以利用回送测试验证 Internet 协议版本 6 (TCP/IPv6)是否正常运行,具体操作方法为:在"命令提示符"环境输入命令"ping ::1",如 果网卡硬件与 Internet 协议版本 6(TCP/IPv6)正常,则运行结果如图 2-12 所示。

```
C:\Users\xx>ping ::1

正在 Ping ::1 具有 32 字节的数据:
来自 ::1 的回复: 时间<1ms
来自 ::1 的回复: 时间<1ms
来自 ::1 的回复: 时间<1ms
来自 ::1 的回复: 时间<1ms

::1 的 Ping 统计信息:
    数据包: 已发送 = 4, 已接收 = 4, 丢失 = 0 (0% 丢失),
往返行程的估计时间(以毫秒为单位):
    最短 = 0ms, 最长 = 0ms, 平均 = 0ms
```

图 2-12   测试 Internet 协议版本 6(TCP/IPv6)是否正常运行

任务 2.2   设置 IPv4 地址信息

 任务目的

(1) 理解 IPv4 地址的作用和分类;

(2) 理解子网掩码的作用;

(3) 理解默认网关的作用;

(4) 理解域名与 DNS 服务器的作用;

(5) 掌握 Windows 系统中设置与测试 IPv4 地址信息的方法。

 **工作环境与条件**

(1) 安装好 Windows 7 或其他 Windows 操作系统的计算机;

(2) 能够接入 Internet 的网络环境。

相关知识

2.2.1   IPv4 地址

1. IPv4 地址的概念

连在某个网络上的两台计算机之间在相互通信时,在它们所传送的数据包里都会含有 某些附加信息,这些附加信息中会包含发送数据的计算机的地址和接收数据的计算机的地址,从而对网络当中的计算机进行识别以方便通信。计算机网络中使用的地址包含 MAC 地址和 IP 地址。MAC 地址是数据链路层使用的地址,是固化在网卡上无法改变的;而在实际使用过程中,某一个地域的网络中可能会有来自很多厂家的网卡,这些网卡的 MAC 地址没有任何的规律。因此在大型网络中,如果把 MAC 地址作为网络的单一寻址依据,则需要建立庞大的映射表,这势必影响网络的传输速度。所以,在某一局域网内,只使用 MAC 地址进行寻址是可行的,而在大规模网络的寻址中必须使用网络层的 IPv4 地址。

IPv4 地址在网络层提供了一种统一的地址格式,在统一管理下进行分配,保证每一个地址对应于网络上的一台主机,屏蔽了 MAC 地址之间的差异,保证网络的互联互通。根据 Internet 协议版本 4(TCP/IPv4)的规定,IPv4 地址由 32 位二进制数组成,而且在网络上是唯一的。例如,某台计算机的 IPv4 地址为:11001010 01100110 10000110 01000100。很明显,这些数字不太好记忆。为了方便人们记忆,就将组成 IPv4 地址的 32 位二进制数分成 4 段,每段 8 位,中间用小数点隔开,然后将每 8 位二进制转换成十进制数,这样上述计算机的 IPv4 地址就变成了:202.102.134.68。显然这里每一个十进制数不会超过 255。

2. IPv4 地址的分类

IPv4 地址与日常生活中的电话号码很类似,例如有一个电话号码为 0532-12345678,该号码中的前四位表示该电话是属于哪个地区的,后面的数字表示该地区的某个电话号码。与之类似,IPv4 地址也可以分成两部分,一部分用以标明具体的网络段,即网络标识(net-id);另一部分用以标明具体的主机,即主机标识(host-id)。同一个物理网段上的所有主机都使用相同的网络标识,网络上的每个主机(包括工作站、服务器和路由器等)都有一个主机标识与其对应。由于网络中包含的主机数量不同,于是人们根据网络规模的大小,把 IPv4 地址的 32 位地址信息设成 5 种定位的划分方式,分别对应为 A 类、B 类、C 类、D 类、E 类地址,如图 2-13 所示。

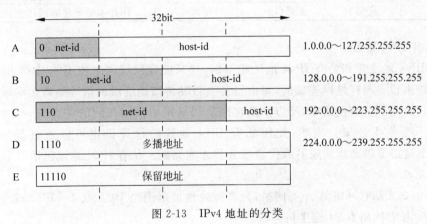

图 2-13 IPv4 地址的分类

(1) A 类 IPv4 地址

A 类 IPv4 地址由 1 个字节的网络标识和 3 个字节的主机标识组成,IPv4 地址的最高位必须是 0。A 类 IPv4 地址中的网络标识长度为 7 位,主机标识的长度为 24 位。A 类网络地址数量较少,可以用于主机数达 1600 多万台的大型网络。

(2) B 类 IPv4 地址

B 类 IPv4 地址由 2 个字节的网络标识和 2 个字节的主机标识组成,IPv4 地址的最高位必须是 10。B 类 IPv4 地址中的网络标识长度为 14 位,主机标识的长度为 16 位。B 类网络地址适用于中等规模的网络,每个网络所能容纳的主机数为 6 万多台。

(3) C 类 IPv4 地址

C 类 IPv4 地址由 3 个字节的网络标识和 1 个字节的主机标识组成,IPv4 地址的最高位必须是 110。C 类 IPv4 地址中的网络标识长度为 21 位,主机标识的长度为 8 位。C 类网络地址数量较多,适用于小规模的网络,每个网络最多只能包含 254 台主机。

(4) D 类 IPv4 地址

D 类 IPv4 地址第 1 个字节以"1110"开始,它是一个专门保留的地址,并不指向特定的网络,目前这一类地址被用于组播。组播地址用来一次寻址一组主机,它标识共享同一协议的一组主机。

(5) E 类 IPv4 地址

E 类 IPv4 地址以"11110"开始,为保留地址。

3. 特殊用途的 IPv4 地址

有一些 IPv4 地址是具有特殊用途的,通常不能分配给具体的设备,在使用时需要特别注意,表 2-2 列出了常见的一些具有特殊用途的 IPv4 地址。

表 2-2　特殊用途的 IPv4 地址

网络标识	主机标识	源地址	目的地址	意　　义
0	0	可以	不可以	本网络内的本主机
0	host-id	可以	不可以	本网络内的某台主机
net-id	0	不可以	不可以	某网络
全 1	全 1	不可以	可以	在网络内广播(路由器不转发)
net-id	全 1	不可以	可以	对 net-id 内的所有主机广播
127	任何数	可以	可以	用作本地软件的回传测试

4. 私有 IPv4 地址

私有 IPv4 地址是和公有 IPv4 地址相对的,是只能在局域网中使用的 IPv4 地址,当局域网通过路由设备与广域网连接时,路由设备会自动将该地址段的信号隔离在局域网内部,而不会将其路由到公有网络中,所以即使在两个局域网中使用相同的私有 IPv4 地址段,彼此之间也不会发生冲突。当然,使用私有 IPv4 地址的计算机也可以通过局域网访问Internet,不过需要借助地址映射或代理服务器才能完成。私有 IPv4 地址包括以下地址段。

(1) 10.0.0.0/8

10.0.0.0/8 私有网络是 A 类网络,允许有效地址范围是 10.0.0.1~10.255.255.254。10.0.0.0/8 私有网络有 24 位主机标识。

(2) 172.16.0.0/12

172.16.0.0/12 私有网络可以被认为是 B 类网络,20 位可分配的地址空间(20 位主机标识),能够应用于私人组织里的任一子网方案。172.16.0.0/12 私有网络允许下列的有效地址范围:172.16.0.1~172.31.255.254。

(3) 192.168.0.0/16

192.168.0.0/16 私有网络可以被认为是 C 类网络 ID,16 位可分配的地址空间(16 位主机标识),可用于私人组织里的任一子网方案。192.168.0.0/16 私有网络允许使用下列的有效地址范围：192.168.0.1～192.168.255.254。

2.2.2　子网掩码

通常在设置 IPv4 地址的时候，必须同时设置子网掩码。子网掩码不能单独存在，它必须结合 IPv4 地址一起使用。子网掩码只有一个作用，就是将某个 IPv4 地址划分成网络标识和主机标识两部分。这对于采用 TCP/IP 协议的网络来说非常重要，只有通过子网掩码，才能表明一台主机所在网段与其他网段的关系，使网络正常工作。

与 IPv4 地址相同，子网掩码的长度也是 32 位，左边是网络位，用二进制数字"1"表示；右边是主机位，用二进制数字"0"表示，图 2-14 所示为 IPv4 地址 168.10.20.160 与其子网掩码 255.255.255.0 的二进制对应关系。其中，子网掩码中的"1"有 24 个，代表与其对应的 IPv4 地址左边 24 位是网络标识；子网掩码中的"0"有 8 个，代表与其对应的 IPv4 地址右边 8 位是主机标识。默认情况下 A 类网络的子网掩码为 255.0.0.0；B 类网络为 255.255.0.0；C 类网络地址为：255.255.255.0。

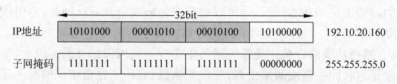

图 2-14　IPv4 地址与子网掩码二进制比较

子网掩码是用来判断任意两台计算机的 IPv4 地址是否属于同一网段的根据。最为简单的理解就是两台计算机各自的 IPv4 地址与子网掩码进行"与"（AND）运算后，如果得出的结果是相同的，则说明这两台计算机是处于同一个网段的，可以进行直接的通信。例如某网络中有两台主机，主机 1 要把数据包发送给主机 2。

- 主机 1：IPv4 地址 192.168.0.1，子网掩码 255.255.255.0。

转化为二进制进行运算为：

IPv4 地址　　11000000.10101000.00000000.00000001

子网掩码　　11111111.11111111.11111111.00000000

AND 运算　　11000000.10101000.00000000.00000000

转化为十进制后为：192.168.0.0。

- 主机 2：IPv4 地址 192.168.0.254，子网掩码 255.255.255.0。

转化为二进制进行运算为：

IPv4 地址　　11000000.10101000.00000000.11111110

子网掩码　　11111111.11111111.11111111.00000000

AND 运算　　11000000.10101000.00000000.00000000

转化为十进制后为：192.168.0.0。

主机 1 通过运算后，得到的运算结果相同，标明主机 2 与其在同一网段，可以通过相关协议把数据包直接发送；如果运算结果不同，表明主机 2 在远程网络上，那么数据包将会发送给本网络上的路由器，由路由器将数据包发送到其他网络，直至到达目的地。

注意：为了让网络中的每一台主机都收到某个数据帧，主机需要采用广播的方式发送该数据帧,这个数据帧被称为广播帧。网络中能接收广播帧的所有设备的集合称为广播域或网段。网段的划分可以通过路由器或在交换机上利用虚拟局域网技术实现。在分配 IPv4 地址时,同一网段的设备,其 IPv4 地址的网络标识相同;不同网段的设备,其 IPv4 地址的网络标识不同。

2.2.3 默认网关

默认网关实质上是一个网段通向其他网段的 IPv4 地址。例如,网络中有两个网段,网段 A 的 IPv4 地址范围为 192.168.1.1~192.168.1.254,子网掩码为 255.255.255.0;网段 B 的 IPv4 地址范围为 192.168.2.1~192.168.2.254,子网掩码为 255.255.255.0。在没有网络层设备(如路由器)的情况下,两个网段的主机之间是不能进行 TCP/IP 通信的,即使这两个网段的设备是连接在同一台交换机上,TCP/IP 协议也会根据子网掩码(255.255.255.0)判定两个网段的主机处在不同网段。

要实现网段之间的通信,则必须为各网段的主机设置默认网关。如果网段 A 中的主机发现数据包的目的主机不在本网段,则可以把数据包转发给其默认网关,再由该网关转发给网段 B 的默认网关,网段 B 的默认网关再将数据包转发给网络 B 的某个主机。在计算机网络中,只有具有路由功能的设备才能作为网关以实现不同网段的互联。因此,主机所设置的默认网关通常是与其同一网段的路由器、三层交换机、启用了路由协议的服务器或代理服务器的 IPv4 地址。

2.2.4 域名和 DNS 服务器

域名是与 IPv4 地址相对应的一串容易记忆的字符,按一定的层次和逻辑排列。域名不仅便于记忆,而且即使在 IPv4 地址发生变化的情况下,通过改变其对应关系,域名仍可保持不变。在 TCP/IP 网络环境中,使用域名系统(Domain Name System,DNS)解析域名与 IP 地址的映射关系。

1. 域名称空间

整个 DNS 的结构是一个如图 2-15 所示的分层式树形结构,这个树形结构称为"DNS 域名空间"。图中位于树形结构最顶层的是 DNS 域名空间的根(root),一般是用句点(.)来

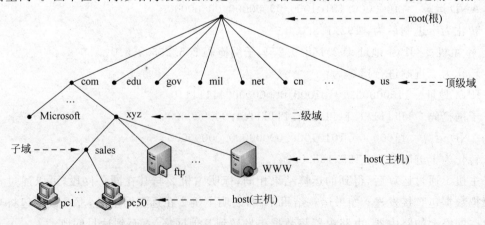

图 2-15   DNS 域名称空间

表示。root 内有多台 DNS 服务器。目前 root 由多个机构进行管理,其中最著名的是 Internet 网络信息中心,负责整个域名空间和域名登录的授权管理。

　　root 之下为"顶级域",每一个"顶级域"内都有数台 DNS 服务器。顶级域用来将组织分类,常见的顶级域名如表 2-3 所示。

表 2-3　Internet 顶级域名及说明

域　　　名	说　　　明
com	商业组织
edu	教育机构
gov	政府部门
mil	军事部门
net	主要网络支持中心
org	其他组织
arpa	临时 ARPAnet(未用)
int	国际组织
占 2 字符的地区及国家码	例如 cn 表示中国,us 表示美国

　　"顶级域"之下为"二级域",供公司和组织来申请、注册使用,例如"microsoft. com"是由 Microsoft 所注册的。如果某公司的网络要连接到 Internet,则其域名必须经过申请核准后才可使用。

　　公司、组织等可以在其"二级域"下,再细分为多层的子域,例如图 2-15 中,可以在公司二级域 xyz. com 下为业务部建立一个子域,其域名为"sales. xyz. com",子域域名的最后必须附加其父域的域名(xyz. com),也就是说域名空间是有连续性的。

　　图 2-15 下方的主机 www 与 ftp 是位于公司二级域 xyz. com 的主机,www 与 ftp 是其"主机名称"。它们的完整名称为"www. xyz. com"与"ftp. xyz. com",这个完整的名称也叫作 FQDN(完全合格域名)。而 PC1、PC2、…、PC50 等主机位于子域"sales. xyz. com"内,其 FQDN 分别是"pc1. sales. xyz. com""pc2. sales. xyz. com"…"pc50. sales. xyz. com"。

　　注意:假如一个国家的主机要想按地理模式登记进入域名系统,需要首先向 NIC 申请登记本国的顶级域名(一般采用该国国际标准的二字符标识符)。NIC 将顶级域的管理特权分派给指定管理机构,各管理机构再对其管辖范围内的域名空间继续划分,并将各子部分管理特权授予子管理机构。如此下去,便形成层次型域名。例如,以. cn 结尾的域名全部由中国互联网络信息中心管理。

2. DNS 服务器

　　DNS 服务器内存储着域名称空间内部分区域的信息,也就是说 DNS 服务器的管辖范围可以涵盖域名称空间内的一个或多个区域,此时就称此 DNS 服务器为这些区域的授权服务器。授权服务器负责提供 DNS 客户端所要查找的记录。

　　区域(zone)是指域名空间树形结构的一部分,它能够将域名空间分割为较小的区段,以方便管理。一个区域内的主机信息,将存放在 DNS 服务器内的区域文件或是活动目录数据库内。一台 DNS 服务器内可以存储一个或多个区域的信息,同时一个区域的信息也可以被存储到多台 DNS 服务器内。区域文件内的每一项信息被称为是一项资源记录(resource record,RR)。

3. 域名解析过程

DNS 服务器可以执行正向查找和反向查找。正向查找可将域名解析为 IPv4 地址,而反向查找则将 IPv4 地址解析为域名。例如某 Web 服务器使用的域名是 www.xyz.com,客户机在向该服务器发送信息之前,必须根据设置在本机的 DNS 服务器 IPv4 地址,通过 DNS 服务器将域名 www.xyz.com 解析为它所关联的 IPv4 地址。利用 DNS 服务器进行域名解析的基本过程如图 2-16 所示。

图 2-16　利用 DNS 服务器进行域名解析的基本过程

2.2.5　IPv4 地址的分配方法

目前 IPv4 地址的分配方法主要有以下几种。

1. 静态分配 IPv4 地址

静态分配 IPv4 地址就是将 IPv4 地址及相关信息设置到每台计算机和相关设备中,计算机及相关设备在每次启动时从自己的存储设备获得的 IPv4 地址及相关信息始终不变。

2. 使用 DHCP 分配 IPv4 地址

DHCP(Dynamic Host Configuration Protocol,动态主机配置协议)专门设计用于使客户机可以从服务器接收 IPv4 地址及相关信息。DHCP 采用客户机/服务器模式,网络中有一台 DHCP 服务器,每个客户机选择“自动获得 IPv4 地址”,就可以得到 DHCP 提供的 IPv4 地址。通常客户机与 DHCP 服务器要在同一个网段中。

3. 自动专用寻址

如果网络中没有 DHCP 服务器,但是客户机还选择了“自动获得 IPv4 地址”,那么操作系统会自动为客户机分配一个 IPv4 地址,该地址为 169.254.0.0/16(地址范围 169.254.0.0~169.254.255.255)中的一个地址。

注意:如果 DHCP 客户机使用自动专用 IP 寻址配置了它的网络接口,客户机会在后台每隔 5 分钟查找一次 DHCP 服务器。如果后来找到了 DHCP 服务器,客户端会放弃它的自动配置信息,然后使用 DHCP 服务器提供的地址来更新 IP 配置。

 **任务实施**

操作 1　设置静态 IPv4 地址信息

对于使用静态 IPv4 地址的计算机,需要手工配置合法的 IPv4 地址及子网掩码、默认网关、DNS 服务器地址等地址信息。在 Windows 7 操作系统中设置静态 IPv4 地址信息的基本操作步骤如下。

(1)打开“本地连接属性”对话框,在该对话框的“此连接使用下列项目”列表框中选中“Internet 协议版本 4(TCP/IPv4)”组件,单击“属性”按钮,打开“Internet 协议版本 4(TCP/

IPv4)属性"对话框,如图 2-17 所示。

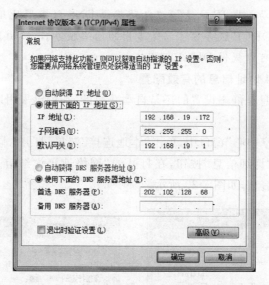

图 2-17 "Internet 协议版本 4(TCP/IPv4)属性"对话框

(2) 在"Internet 协议版本 4(TCP/IPv4)属性"对话框中选择"使用下面的 IP 地址"单选按钮,输入分配该网络连接的 IP 地址、子网掩码和默认网关;选择"使用下面的 DNS 服务器地址"单选按钮,输入分配给该网络连接的首选 DNS 服务器和备用 DNS 服务器的 IPv4 地址。

在 Windows 7 操作系统中可以为一个网络连接设置多个 IPv4 地址,基本操作步骤为:在"Internet 协议版本 4(TCP/IPv4)属性"对话框中单击"高级"按钮,打开"高级 TCP/IP 设置"对话框,如图 2-18 所示。单击"IP 地址"部分的"添加"按钮,即可添加分配给该网络连接的另一个 IPv4 地址及其相应的子网掩码。

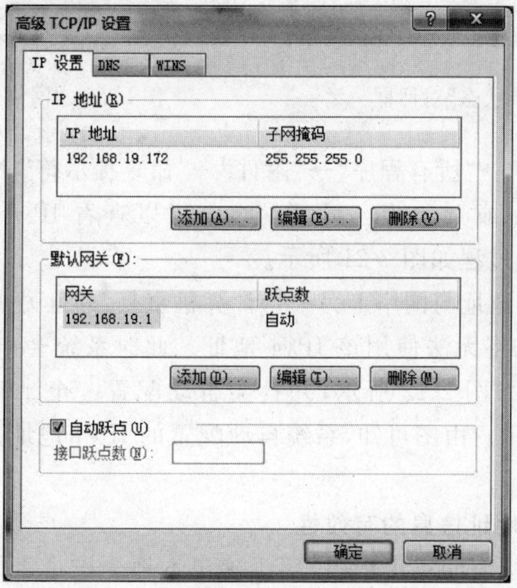

图 2-18 "高级 TCP/IP 设置"对话框

注意：如果网络中存在DHCP服务器，则可在"Internet 协议版本 4（TCP/IPv4）属性"对话框中分别选择"自动获得 IP 地址"和"自动获得 DNS 服务器地址"单选按钮，即可自动获取 IPv4 地址信息。DHCP 服务器可以是专用的网络服务器，路由器、三层交换机、代理服务器、防火墙等设备也可以提供 DHCP 服务。

操作 2　查看 IPv4 地址信息的有效配置

无论 IPv4 地址信息是静态设置的还是自动获取的，都可以采用以下两种方法查看其有效配置。

（1）在"网络和共享中心"窗口中，单击"本地连接"链接，打开"本地连接 状态"对话框，如图 2-19 所示。单击"详细信息"按钮，在打开的"网络连接详细信息"对话框中可以看到 IPv4 地址的有效配置信息，如图 2-20 所示。

图 2-19　"本地连接 状态"对话框　　　　　图 2-20　"网络连接详细信息"对话框

（2）依次选择"开始"→"所有程序"→"附件"→"命令提示符"命令，在打开的"命令提示符"窗口中输入 ipconfig 或 ipconfig /all 命令，也可以查看 IPv4 地址的有效配置信息。ipconfig /all 命令的运行过程如图 2-21 所示。

如果计算机的 IPv4 地址与网络上另一台计算机重复，并且另一台计算机先开机使用了该地址，那么当前计算机将无法使用该 IPv4 地址。此时系统会出现"Windows 检测到 IP 地址冲突"警告对话框，如图 2-22 所示，并且会自动配置一个 169.254.0.0/16 地址段的 IPv4 地址，如图 2-23 所示。由图可知，系统自动配置的 IPv4 地址是首选地址，而静态设置的 IPv4 地址为复制地址。

操作 3　测试 IPv4 地址信息的有效性

ping 是个使用频率极高的实用程序，用于确定本地主机是否能与另一台主机交换（发送与接收）数据包，从而判断网络的连通性。在 Windows 7 操作系统中，可以在"命令提示符"窗口利用 ping 命令测试 IPv4 地址信息有效性，基本操作步骤如下。

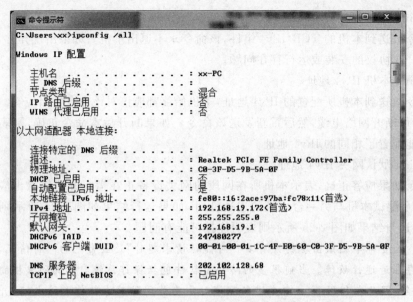

图 2-21　利用 ipconfig /all 命令查看 IPv4 地址信息

图 2-22　"Windows 检测到 IP 地址冲突"警告对话框

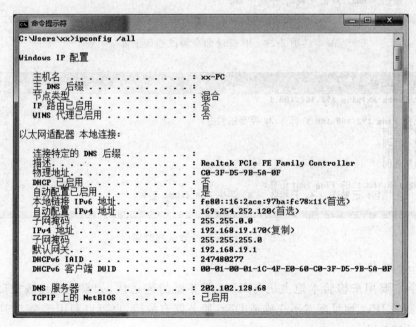

图 2-23　利用 ipconfig /all 命令查看 IPv4 地址重复

（1）ping 127.0.0.1

该命令被送到本机的 TCP/IPv4 组件，该命令永不退出本机。如果出现异常，则表示本机 TCP/IPv4 协议的安装或运行存在问题。

（2）ping 本机 IPv4 地址

该命令被送到本机所配置的 IPv4 地址，本机始终都应该对该命令做出应答。如果没有出现问题，可断开网络电缆，然后重新发送该命令。如果断开后本命令正确，则表示另一台计算机可能配置了相同的 IPv4 地址。

（3）ping 默认网关 IPv4 地址

该命令如果应答正确，表示本机所在网段的网关设备正在运行并能够做出应答。在利用 ping 命令测试本机与另一台主机的连通性时，如果运行结果如图 2-24 所示则表明连接正常，如果运行结果如图 2-25 所示则表明连接可能有问题。

注意：ping 命令测试出现错误有多种可能，"请求超时"是最常见的一种情况，这并不能确定网络存在连通性故障。当前很多的防病毒软件包括操作系统自带的防火墙都有可能屏蔽 ping 命令，因此在利用 ping 命令进行测试时需要关闭防病毒软件和防火墙，并对测试结果进行综合考虑。

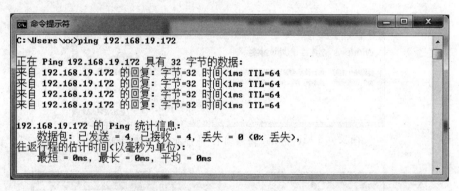

图 2-24　用 ping 命令测试连接正常

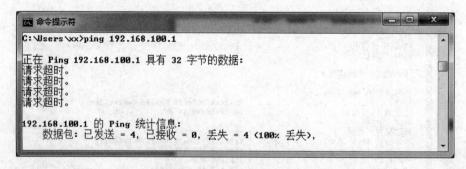

图 2-25　用 ping 命令测试超时错误

（4）ping 域名

该命令主要用来检验本地主机与 DNS 服务器的连通性，如果这里出现故障，则表示 DNS 服务器的 IPv4 地址配置不正确或 DNS 服务器有故障，也可以利用该命令实现域名对 IPv4 地址的转换功能。

注意：当计算机通过域名访问时首先会通过 DNS 服务器得到域名对应的 IPv4 地址，然后才能进行访问。在执行"ping 域名"时应重点查看是否得到了域名对应的 IPv4 地址。

如果上面所列出的所有 ping 命令都能正常运行，表明当前计算机的本地和远程通信都基本没有问题了。但是，这些命令的成功并不表示所有的网络配置都没有问题，例如，某些子网掩码错误有可能无法检测到。

任务 2.3   设置 IPv6 地址信息

任务目的

（1）了解 IPv6 地址的表示方法；
（2）了解 IPv6 地址的类型；
（3）了解 Windows 系统中设置与测试 IPv6 地址信息的方法。

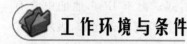

工作环境与条件

（1）安装好 Windows 7 或其他 Windows 操作系统的计算机；
（2）能够接入 Internet 的网络环境。

相关知识

IPv4 地址的最大问题是网络地址资源有限，目前 IPv4 地址已被分配完毕。虽然利用 NAT 技术可以缓解 IPv4 地址短缺的问题，但也会破坏端到端应用模型，影响网络性能并阻碍网络安全的实现。在这种情况下，IPv6 应运而生。与 IPv4 相比，IPv6 拥有巨大的地址空间，IPv6 规定地址的长度为 128 个比特，理论上最多可以有 2^{128} 个地址。

2.3.1   IPv6 地址的表示

1. IPv6 地址的文本格式

IPv6 地址的长度是 128 位，可以使用以下 3 种格式将其表示为文本字符串。

（1）冒号十六进制格式

这是 IPv6 地址的首选格式，格式为 $n:n:n:n:n:n:n:n$。每个 n 由 4 位十六进制数组成，对应 16 位二进制数。例如：3FFE:FFFF:7654:FEDA:1245:0098:3210:0002。

注意：IPv6 地址的每一段中的前导 0 是可以去掉的，但至少每段中应有一个数字。例如可以将上例的 IPv6 地址表示为 3FFE:FFFF:7654:FEDA:1245:98:3210:2。

（2）压缩格式

在 IPv6 地址的冒号十六进制格式中，经常会出现一个或多个段内的各位全为 0 的情况，为了简化对这些地址的写入，可以使用压缩格式。在压缩格式中，一个或多个各位全为 0 的段可以用双冒号符号（::）表示。此符号只能在地址中出现一次。例如，未指定地址

0:0:0:0:0:0:0:0 的压缩形式为::;环回地址 0:0:0:0:0:0:0:1 的压缩形式为::1;单播地址 3FFE:FFFF:0:0:8:800:20C4:0 的压缩形式为 3FFE:FFFF::8:800:20C4:0。

注意:使用压缩格式时,不能将一个段内有效的 0 压缩掉。例如,不能将 FF02:40:0:0:0:0:0:6 表示为 FF02:4::6,而应表示为 FF02:40::6。

(3) 内嵌 IPv4 地址的格式

这种格式组合了 IPv4 和 IPv6 地址,是 IPv4 向 IPv6 过渡过程中使用的一种特殊表示方法。具体地址格式为 $n:n:n:n:n:n:d.d.d.d$,其中每个 n 由 4 位十六进制数组成,对应 16 位二进制数;每个 d 都表示 IPv4 地址的十进制值,对应 8 位二进制数。内嵌 IPv4 地址的 IPv6 地址主要有以下两种。

- IPv4 兼容 IPv6 地址,例如 0:0:0:0:0:0:192.168.1.100 或::192.168.1.100。
- IPv4 映射 IPv6 地址,例如 0:0:0:0:0:FFFF:192.168.1.100 或::FFFF:192.168.1.100。

2. URL 中的 IPv6 地址表示

在 IPv4 中,对于一个 URL,当需要使用 IP 地址加端口号的方式来访问资源时,可以采用形如"http://51.151.52.63:8080/cn/index.asp"的表示形式。由于 IPv6 地址中含有":",因此为了避免歧义,当 URL 中含有 IPv6 地址时应使用"[]"将其包含起来,表示形式为"http://[2000:1::1234:EF]:8080/cn/index.asp"。

2.3.2 IPv6 的地址前缀

IPv6 中的地址前缀(Format Prefix,FP)类似于 IPv4 中的网络标识。IPv6 前缀通常用来作为路由和子网的标识,但在某些情况下仅仅用来表示 IPv6 地址的类型,例如 IPv6 地址前缀"FE80::"表示该地址是一个链路本地地址。在 IPv6 地址表示中,表示地址前缀的方法是用"IPv6 地址/前缀长度"来表示,例如,若某 IPv6 地址为 3FFE:FFFF:0:CD30:0:0:0:5/64,则该地址的前缀是 3FFE:FFFF:0:CD30。

2.3.3 IPv6 地址的类型

与 IPv4 地址类似,IPv6 地址可以分为单播地址、组播地址和任播地址等类型。单播地址是分配给一个主机的一个接口的地址,也就是说寻址到单播地址的数据包最终会被发送到唯一的接口。IPv6 单播地址通常可分为子网前缀和接口标识两部分,子网前缀用于表示接口所属的网段,接口标识用以区分连接在同一链路的不同接口。根据作用范围,IPv6 单播地址可分为链路本地地址(Link-local Address)、站点本地地址(Site-local Address)、可聚合全球单播地址(Aggregatable Global Unicast Address)等类型。

注意:在 IPv6 网络中,节点指任何运行 IPv6 的设备;链路指以路由器为边界的一个或多个局域网段;站点指由路由器连接起来的两个或多个子网。

1. 可聚合全球单播地址

可聚合全球单播地址类似于 IPv4 中可以应用于 Internet 的公有地址,该类地址由 IANA(互联网地址分配机构)统一分配,可以在 Internet 中使用。可聚合全球单播地址的结构如图 2-26 所示,各字段的含义如下。

- Global Routing Prefix(全球可路由前缀):该部分的前 3 位固定为 001,其余部分由

n bits		m bits	128-n-m bits
001	global routing prefix	subnet ID	interface ID

图 2-26 可聚合全球单播地址的结构

IANA 的下属组织分配给 ISP 或其他机构。该部分有严格的等级结构,可区分不同的地区、不同等级的机构,以便于路由聚合。

- Subnet ID(子网 ID):用于标识全球可路由前缀所代表的站点内的子网。
- Interface ID(接口 ID):用于标识链路上的不同接口,可以手动配置也可由设备随机生成。

注意:可聚合全球单播地址的前 3 位固定为 001,该部分地址可表示为 2000::/3。根据 RFC3177 的建议,全球可路由前缀(包括前 3 位)的长度最长为 48 位(可以以 16 位为段进行分配);子网 ID 的长度应为固定 16 位(IPv6 地址左起的第 49~64 位);接口 ID 的长度应为固定的 64 位。

2. 链路本地地址

当一个节点启用 IPv6 协议时,该节点的每个接口会自动配置一个链路本地地址。这种机制可以使得连接到同一链路的 IPv6 节点不需要做任何配置就可以通信。链路本地地址的结构如图 2-27 所示。由图可知,链路本地地址使用了特定的链路本地前缀 FE80::/64,其接口 ID 的长度为固定 64 位。链路本地地址在实际的网络应用中是受到限制的,只能在连接到同一本地链路的节点之间使用,通常用于邻居发现、动态路由等需在邻居节点之间进行通信的协议。

10 bits	54 bits	64 bits
1111111010	0	interface ID

图 2-27 链路本地地址的结构

注意:链路本地地址的接口 ID 通常会使用 IEEE EUI-64 接口 ID。EUI-64 接口 ID 是通过接口的 MAC 地址映射转换而来的,可以保证其唯一性。

3. 站点本地地址

站点本地地址是另一种应用范围受到限制的地址,只能在一个站点(由某些链路组成的网络)内使用。站点本地地址类似于 IPv4 中的私有地址,任何没有申请到可聚合全球单播地址的机构都可以使用站点本地地址。站点本地地址的结构如图 2-28 所示。由图可知,站点本地地址的前 48 位总是固定的,其前缀为 FEC0::/48;站点本地地址的接口 ID 为固定的 64 位;在接口 ID 和 48 位固定前缀之间有 16 位的子网 ID,可以在站点内划分子网。

10 bits	38 bits	16 bits	64 bits
1111111011	0	subnet ID	interface ID

图 2-28 站点本地地址的结构

注意：站点本地地址不是自动生成的，需要手工指定。另外在 RFC4291 中，站点本地地址已经不再使用，该地址段已被 IANA 收回。

4. 唯一本地地址

为了替代站点本地地址的功能，又使这样的地址具有唯一性，避免产生像 IPv4 私有地址泄漏到公网而造成的问题，RFC4291 定义了唯一本地地址（Unique-local Address）。唯一本地地址的结构如图 2-29 所示，各字段的含义如下。

7 bits		40 bits	16 bits	64 bits
1111110	L	global ID	subnet ID	interface ID

图 2-29　唯一本地地址的结构

- 固定前缀：前 7 位固定为 1111110，即固定前缀为 FC00::/7。
- L：表示地址的范围，取值为 1 则表示本地范围。
- Global ID：全球唯一前缀，以随机方式生成。
- Subnet ID：划分子网时使用的子网 ID。

唯一本地地址主要具有以下特性：
- 该地址与 ISP 分配的地址无关，任何人都可以随意使用。
- 该地址具有固定前缀，边界路由器很容易对其过滤。
- 该地址具有全球唯一前缀（有可能出现重复但概率极低），一旦出现路由泄露，不会与 Internet 路由产生冲突。
- 可用于构建 VPN。
- 上层协议可将其作为全球单播地址来对待，简化了处理流程。

5. 特殊地址

特殊地址主要包括未指定地址和环回地址。
- 未指定地址：该地址为 0:0:0:0:0:0:0:0(::)，主要用来表示某个地址不可用，主要在数据包未指定源地址时使用，该地址不能用于目的地址。
- 环回地址：该地址为 0:0:0:0:0:0:0:1(::1)，与 IPv4 地址中的 127.0.0.1 的功能相同，只在节点内部有效。

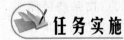 **任务实施**

操作 1　查看链路本地地址

如果计算机安装的是 Windows 7 操作系统，则在默认情况下会自动安装 IPv6 协议并配置链路本地地址。可以在"命令提示符"窗口中输入"ipconfig"或"ipconfig /all"命令查看其配置信息，如图 2-30 所示。由图可知，该计算机的链路本地地址为"fe80::16:2acc:97ba:fc78％11"，其中"％11"为"本地连接"接口在 IPv6 协议中对应的索引号。

注意：若系统未安装 IPv6 协议，则应先安装该协议，协议安装后会自动配置链路本地地址。

在安装 IPv6 协议后，Windows 系统会创建一些逻辑接口。可以在"命令提示符"窗口中输入"netsh"命令进入 netsh 界面，再利用"show interface"命令查看系统接口的信息，如

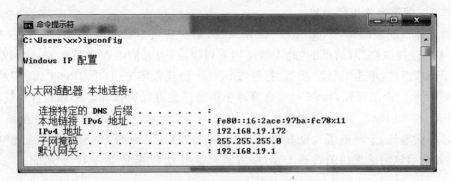

图 2-30　查看计算机的链路本地地址

图 2-31 所示。

注意：netsh 是一个用来查看和配置网络参数的工具。可以在"netsh interface ipv6"提示符下利用"show address 11"命令查看"本地连接"接口的详细地址信息；也可以利用"add address 11 fe80∷2"为该接口手动增加一个链路本地地址。netsh 其他的相关命令及使用方法请查阅 Windows 帮助文件。

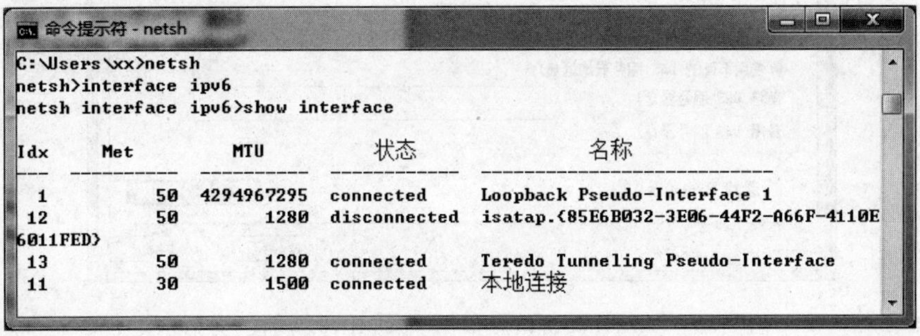

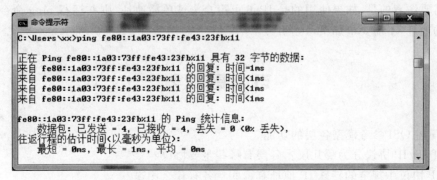

图 2-31　查看计算机的逻辑接口

可以在计算机上利用 ping 命令测试网络的连通性，如图 2-32 所示。需要注意的是，由于计算机上可能有多个链路本地地址，因此在运行 ping 命令时，如果目的地址为链路本地地址，则需要在地址后加"％接口索引号"，以告之系统发出数据包的源地址。

图 2-32　利用 ping 命令测试网络的连通性

操作 2　配置全球单播地址

如果计算机安装的是 Windows 7 操作系统，则配置可聚合全球单播地址的操作过程为：在"本地连接属性"对话框的"此连接使用下列项目"列表框中选择"Internet 协议版本 6（TCP/IPv6）"组件，单击"属性"按钮，打开"Internet 协议版本 6（TCP/IPv6）属性"对话框，如图 2-33 所示。由图可知，IPv6 可聚合全球单播地址也可以选择静态配置和自动获取两种设置方法。若采用静态设置，则可选择"使用以下 IPv6 地址"单选按钮，输入分配该网络连接的全球单播地址、子网前缀长度和默认网关；选择"使用下面的 DNS 服务器地址"单选按钮，输入分配给该网络连接的首选 DNS 服务器和备用 DNS 服务器的 IPv6 地址。

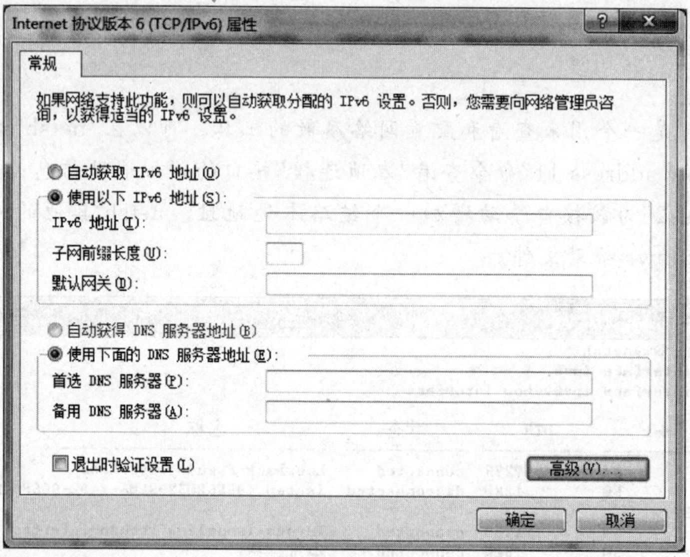

图 2-33　"Internet 协议版本 6（TCP/IPv6）属性"对话框

注意：在 IPv6 网络中，默认网关、DHS 服务器的作用与 IPv4 网络相同，只不过其地址为 IPv6 地址。另外也可以在"Internet 协议版本 6（TCP/IPv6）属性"对话框中单击"高级"按钮，为一个网络连接设置多个 IPv6 可聚合全球单播地址。

与设置 IPv4 地址信息相同，也可以在计算机上利用 ping 命令测试 IPv6 地址信息的有效性。需要注意的是，如果使用的是 IPv6 可聚合全球单播地址，则在运行 ping 命令时只需指明目的地址，不需要增加接口索引号。

习　题　2

1. 简述 OSI 参考模型各层的功能。
2. TCP/IP 协议分为哪几层？各层有哪些主要协议？
3. IP 协议中规定的特殊 IP 地址有哪些？各有什么用途？
4. 网络中为什么会使用私有 IP 地址？私有 IP 地址主要包括哪些地址段？
5. 简述子网掩码的作用。
6. 简述域名系统和 DNS 服务器的作用。

7. 通常可以使用哪些格式将 IPv6 地址表示为文本字符串？

8. 简述 IPv6 地址的类型。

9. 设置与测试 Internet 协议版本 4(TCP/IPv4)。

内容及操作要求：查看并测试当前计算机是否正确安装了 Internet 协议版本 4(TCP/IPv4)；为当前计算机正确设置能够连入 Internet 的 IPv4 地址信息，并利用 ping 命令测试 IPv4 地址信息的有效性。

准备工作：安装 Windows 7 或其他操作系统的 PC；能够接入 Internet 的网络环境。

考核时限：15min。

模块 3　接入 Internet

个人计算机或局域网在接入 Internet 时，必须通过广域网进行转接。广域网通常使用电信运营商建立和经营的网络，它的地理范围大，可以跨越国界到达世界上任何地方。电信运营商将其网络分次（拨号线路）或分块（租用专线）出租给用户以收取服务费用。采用何种接入技术从很大程度上决定了访问 Internet 的速度。本模块的主要目标是了解常见的接入技术，能够利用光纤以太网等常见接入技术实现个人计算机与 Internet 的连接，能够利用代理服务器、无线路由器等实现 Internet 连接共享。

任务 3.1　选择接入技术

 **任务目的**

（1）了解常见的广域网技术；
（2）了解接入网的基本知识；
（3）能够合理地选择接入技术。

 工作环境与条件

（1）安装好 Windows 7 或其他 Windows 操作系统的计算机；
（2）能够接入 Internet 的网络环境；
（3）本地区各 ISP 提供的接入服务的相关资料。

 **相关知识**

3.1.1　广域网技术

广域网能够提供路由器、交换机以及它们所支持的局域网之间的数据分组/帧交换。OSI 参考模型同样适用于广域网，但广域网只定义了下三层，即物理层、数据链路层和网络层。

- 物理层：物理层协议主要描述如何面对广域网服务提供电气、机械、规程和功能特性。广域网的物理层描述的连接方式，分为电路交换连接、分组交换连接、专用或专线连接 3 种类型。广域网之间的连接无论采用何种连接方式，都使用同步或异步串行连接。还有许多物理层标准定义了 DTE 和 DCE 之间接口的控制规则，例如 RS-232、RS-449、X.21、V.24、V.35 等。

- 数据链路层：广域网数据链路层定义了传输到远程站点的数据的封装格式,并描述了在单一数据路径上各系统间的帧传送方式。
- 网络层：网络层的主要任务是设法将源节点发出的数据包传送到目的节点,从而向传输层提供最基本的端到端的数据传送服务。常见的广域网网络层协议有 CCITT 的 X.25 协议和 TCP/IP 协议中的 IP 协议等。

1. 电路交换广域网

电路交换是广域网的一种交换方式,即在每次会话过程中都要建立、维持和终止一条专用的物理电路。公共电话交换网和综合业务数字网(ISDN)都是典型的电路交换广域网。

(1) 公共电话交换网

公共电话交换网(Public Switched Telephone Network,PSTN)是以电路交换技术为基础的用于传输话音的网络。PSTN 概括起来主要由三部分组成：本地环路、干线和交换机。其中干线和交换机一般采用数字传输和交换技术,而本地环路(也称用户环路)即用户到最近的交换局或中心局这段线路,基本上采用模拟线路。由于 PSTN 的本地回路是模拟的,因此当两台计算机想通过 PSTN 传输数据时,中间必须经双方 Modem 实现计算机数字信号与模拟信号的相互转换。

(2) 综合业务数字网

综合业务数字网(Integrated Services Digital Network,ISDN)是一个数字电话网络国际标准,是一种典型的电路交换网络系统。它通过普通的铜缆以更高的速率和质量传输话音和数据。ISDN 具有以下特点。

- 利用一对用户线可以提供电话、传真、可视图文用数据通信等多种业务。若用户需要更高速率的信息,可以使用一次群用户接口,连接用户交换机、可视电话、会议电视或计算机局域网。此外 ISDN 用户在每一次呼叫时,都可以根据需要选择信息速率、交换方式等。
- 能够提供端到端的数字连接,具有优良的传输性能。
- ISDN 使用标准化的用户接口,该接口有基本速率接口和一次群速率接口。基本速率接口有两条 64kbps 的信息通路和一条 16kbps 的信令通路,简称 2B＋D；一次群接口有 30 条 64kbps 的信息通路和一条 64kbps 的信令通路,简称 30B＋D。标准化的接口能够保证终端间的互通。1 个 ISDN 的基本速率用户接口最多可以连接 8 个终端,而且使用标准化的插座,易于各种终端的接入。
- 用户可以根据需要,在一对用户线上任意组合不同类型的终端,例如可以将电话机、传真机和 PC 连接在一起,可以同时打电话,发传真或传送数据。
- ISDN 的终端可以在通信过程中暂停正在进行的通信,然后在需要时再恢复通信。用户可以在通信暂停后将终端移至其他的房间,插入插座后再恢复通信,同时还可以设置恢复通信的身份密码。
- ISDN 是通过电话网的数字化发展而成的,因此只需在已有的通信网中增添或更改部分设备即可以构成 ISDN 通信网,节省了投资。

2. 分组交换广域网

与电路交换相比,分组交换(也称包交换)是针对计算机网络设计的交换技术,可以最大限度地利用带宽,目前大多数广域网是基于分组交换技术的。

（1）X. 25 网络

X. 25 网络是第一个公共数据网络，是一种比较容易实现的分组交换服务，其数据分组包含 3 字节头部和 128 字节数据部分。X. 25 网络运行 10 年后，在 20 世纪 80 年代被帧中继网络所取代。

（2）帧中继

帧中继（Frame Relay）是一种用于连接计算机系统的面向分组的通信方法，主要用于公共或专用网上的局域网互联以及广域网连接。帧中继的主要特点如下。

- 使用光纤作为传输介质，因此误码率极低，能实现近似无差错传输，减少了进行差错校验的开销，提高了网络的吞吐量。
- 帧中继是一种宽带分组交换，使用复用技术时，其传输率可高达 44.6Mbps。但是帧中继不适合于传输诸如话音、电视等实时信息，仅限于传输数据。

（3）ATM

ATM（Asynchronous Transfer Mode，异步传输模式）又叫信元中继，是在分组交换基础上发展起来的一种传输模式。ATM 是一种采用具有固定长度的分组（信元）的交换技术，每个信元长 53 字节，其中报头占 5 字节，主要完成寻址的功能。之所以称其为异步，是因为来自某一用户的、含有信息的各个信元不需要周期性出现，也就是不需要对发送方的信号按一定的步调（同步）进行发送，这是 ATM 区别于其他传输模式的一个基本特征。ATM 是一种面向连接的技术，信元通过特定的虚拟电路进行传输，虚拟电路是 ATM 网络的基本交换单元和逻辑通道。当发送端想要和接收端通信时，首先要向接收端发送要求建立连接的控制信号，接收端通过网络收到该控制信号并同意建立连接后，一个虚拟电路就会被建立，当数据传输完毕后还需要释放该连接。

ATM 技术的主要特点如下。

- ATM 是一种面向连接的技术，采用小的、固定长度的数据传输单元，时延小，实时性较好。
- 各类信息均采用信元为单位进行传送，能够支持多媒体通信。
- 采用时分多路复用方式动态的分配网络，网络传输延迟小，适应实时通信的要求。
- 没有链路对链路的纠错与流量控制，协议简单，数据交换率高。
- ATM 的数据传输率在 155Mbps～2.4Gbps。

（4）MPLS

MPLS（Multi-Protocol Label Switching，多协议标签交换）是一种用于快速数据包交换和路由的体系，它为网络数据流量提供了目标、路由、转发和交换等能力。MPLS 独立于第二层和第三层协议，它提供了一种方式，将 IP 地址映射为简单的具有固定长度的标签，用于不同的包转发和包交换技术。MPLS 是现有路由和交换协议的接口，如 IP、ATM、帧中继、资源预留协议（RSVP）、开放最短路径优先（OSPF）等。

3. DDN

DDN（Digital Data Network，数字数据网）是一种利用数字信道提供数据通信的传输网，它主要提供点到点及点到多点的数字专线或专网。DDN 由数字通道、DDN 节点、网管系统和用户环路组成。DDN 的传输介质主要有光纤、数字微波、卫星信道等。DDN 采用了计算机管理的数字交叉连接技术，为用户提供半永久性连接电路，即 DDN 提供的信道是非交换、用户独占的永久虚电路。一旦用户提出申请,网络管理员便可以通过软件命令改变用户专线的路由或专网结构,而无须经过物理线路的改造扩建工程,因此 DDN 极易根据用户的需要,在约定的时间内接通所需带宽的线路。DDN 为用户提供的基本业务是点到点的专线。从用户角度来看,租用一条点到点的专线就是租用了一条高质量、高带宽的数字信道。

DDN 专线与电话专线的区别在于:电话专线是固定的物理连接,而且电话专线是模拟信道,带宽窄、质量差、数据传输率低;而 DDN 专线是半固定连接,其数据传输率和路由可随时根据需要申请改变。另外,DDN 专线是数字信道,其质量高、带宽宽,并且采用热冗余技术,具有路由故障自动迂回功能。

DDN 与分组交换网的区别在于:DDN 是一个全透明的网络,采用同步时分复用技术,不具备交换功能,利用 DDN 的主要方式是定期或不定期地租用专线,适合于需要频繁通信的 LAN 之间或主机之间的数据通信。DDN 网提供的数据传输率一般为 2Mbps,最高可达 45Mbps,甚至更高。

4. SDH

SDH(Synchronous Digital Hierarchy,同步数字系列)是一种将复接、线路传输及交换功能融为一体、并由统一网管系统操作的综合信息传送网络。它建立在 SONET(同步光网络)协议基础上,可实现网络有效管理、实时业务监控、动态网络维护、不同厂商设备间的互通等多项功能,能大大提高网络资源利用率、降低管理及维护费用、实现灵活可靠和高效的网络运行与维护。

SDH 传输系统在国际上有统一的帧结构,数字传输标准速率和标准的光路接口,使网管系统互通,因此有很好的横向兼容性,形成了全球统一的数字传输体制标准,提高了网络的可靠性。SDH 有多种网络拓扑结构,有传输和交换的性能,它的系列设备的构成能通过功能块的自由组合,实现了不同层次和各种拓扑结构的网络,十分灵活。SDH 属于 OSI 模型的物理层,并未对高层有严格的限制,因此可在 SDH 上采用各种网络技术,支持 ATM 或 IP 传输。

由于以上所述的众多特性,SDH 在广域网和专用网领域得到了巨大的发展。各大电信运营商都已经大规模建设了基于 SDH 的骨干光传输网络,一些大型的专用网络也采用了 SDH 技术,架设系统内部的 SDH 光环路,以承载各种业务。

3.1.2 Internet 接入网

作为承载 Internet 应用的通信网,宏观上可划分为接入网和核心网两大部分。接入网(AN:Access Network)主要用来完成用户接入核心网的任务。在 ITU-T 建议 G.963 中接入网被定义为:本地交换机(即端局)与用户端设备之间的连接部分,通常包括用户线传输系统、复用设备、数字交叉连接设备和用户/网络接口设备。

在当今核心网已逐步形成以光纤线路为基础的高速信道情况下,国际权威专家把宽带综合信息接入网比作信息高速公路的“最后一公里”,并认为它是信息高速公路中难度最大、耗资最大的一部分,是信息基础建设的瓶颈。

Internet 接入网分为主干系统、配线系统和引入线 3 部分。其中主干系统为传统电缆和光缆;配线系统也可能是电缆或光缆,长度一般为几百米;而引入线通常为几米到几十米,多采用铜线。接入网的物理参考模型如图 3-1 所示。

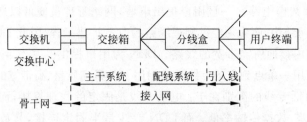

图 3-1　接入网的物理参考模型

3.1.3　接入技术的选择

1. 接入技术的分类

针对不同的用户需求和不同的网络环境,目前有多种接入技术可供选择。按照传输介质的不同,可将接入网分为有线接入和无线接入两大类型,如表 3-1 所示。

表 3-1　接入网类型

有线接入	铜缆	PSTN 拨号:56kbps
		ISDN:单通道 64kbps,双通道 128kbps
		ADSL:下行 256kbps～8Mbps,上行 1Mbps
		VDSL:下行 12～52Mbps,上行 1～16Mbps
	光纤	Ethernet:10/100/1000Mbps,10Gbps
		APON:对称 155Mbps,非对称 622Mbps
		EPON:1Gbps
	混合	HFC(混合光纤同轴电缆):下行 36Mbps,上行 10Mbps
		PLC(电力线通信网络):2～100Mbps
无线接入	固定	WLAN:2～56Mbps
	激光	FSO(自由空间光通信):155Mbps～10Gbps
	移动	GPRS(无线分组数据系统):171.2kbps

从表中可以看出,不同的接入技术需要不同的设备,能提供不同的传输速度,用户应根据实际需求选择合适的接入技术。电信运营商通常采用的宽带接入策略是在新建小区大力推行综合布线,通过以太网接入;而对旧住宅区及商业楼宇中的分散用户则可以利用已有的铜缆电话线,提供 ADSL 或其他合适的 DSL 接入手段;对于用户集中的商业大楼,则采用综合数据接入设备或直接采用光纤传输设备。

2. ISP 的选择

用户能否有效地访问 Internet 与所选择的 ISP 直接相关,选择 ISP 时应注意以下方面。

(1) ISP 所在的位置

在选择 ISP 时,首先应考虑本地的 ISP,这样可以减少通信线路的费用,得到更可靠的通信线路。

(2) ISP 的性能

• 可靠性:ISP 能否保证用户与 Internet 的顺利连接,在连接建立后能否保证连接不中断,能否提供可靠的域名服务器、电子邮件等服务。

• 传输率:ISP 能否与国家或国际 Internet 主干连接。

• 出口带宽:ISP 的所有用户将分享 ISP 的 Internet 连接通道,如果 ISP 的出口带宽比较窄,可能成为用户访问 Internet 的瓶颈。

(3) ISP 的服务质量

对 ISP 服务质量的衡量是多方面的,如所能提供的增值服务、技术支撑、服务经验和收费标准等。增值服务是指为用户提供接入 Internet 以外的一些服务,如根据用户的需求定制安全策略、提供域名注册服务等。技术支持除了保证一天 24 小时的连续运行外,还涉及能否为客户提供咨询或软件升级等服务。ISP 的服务质量与其经营理念、服务历史及客户情况等有关。目前 ISP 常见的收费标准包括按传输的信息量收费、按与 ISP 建立连接的时间收费或按照包月、包年等形式收费。

任务实施

操作 1　了解本地 ISP 提供的接入业务

了解本地区主要 ISP 的基本情况,通过 Internet 登录其网站或走访其业务厅,了解该 ISP 能提供哪些宽带业务,了解这些宽带业务的主要技术特点和资费标准,思考这些宽带业务分别适合于什么样的用户群。

操作 2　了解本地家庭用户使用的接入业务

走访本地区采用不同接入技术接入 Internet 的家庭用户,了解其所使用的接入设备及相关费用,了解使用相应接入技术访问 Internet 时的速度和质量。

操作 3　了解本地局域网用户使用的接入业务

走访本地区采用不同接入技术接入 Internet 的局域网用户(如学校、网吧、企事业单位等),了解其所使用的接入设备及相关费用,了解使用相应接入技术访问 Internet 时的速度和质量。

任务 3.2　利用光纤以太网接入 Internet

任务目的

(1) 了解光纤接入的主要方式;

(2) 掌握使用光纤以太网将计算机接入 Internet 的方法。

工作环境与条件

(1) 已有的光纤以太网接入服务;

(2) 安装好 Windows 7 或其他 Windows 操作系统的计算机。

相关知识

3.2.1　FTTx 概述

光纤由于其大容量、保密性好、不怕干扰和雷击、重量轻等诸多优点,正在得到迅速发展和应用。主干网线路迅速光纤化,光纤在接入网中的广泛应用也是一种必然趋势。光纤接入技术实际就是在接入网中全部或部分采用光纤传输介质,构成光纤用户环路(或称光纤接入网 OAN),实现用户高性能宽带接入的一种方案。

光纤接入分为多种情况,可以表示为 FTTx,如图 3-2 所示,图中,OLT(Optical Line Terminal)称为光线路终端,ONU(Optical Network Unit)称为光网络单元。根据 ONU 位置不同,目前有 3 种主要的光纤接入网,即 FTTC(Fiber To The Curb,光纤到路边/小区)、FTTB(Fiber To The Building,光纤到楼)和 FTTH(Fiber To The Home,光纤到户)。

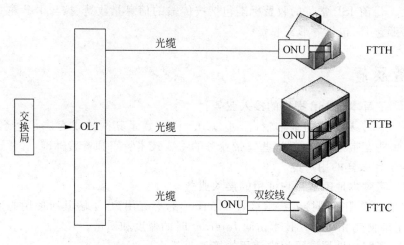

图 3-2　光纤接入方式

1. FTTC

FTTC 主要为住宅区的用户提供服务,它将光网络单元设备放置于路边机箱,可以从光网络单元接出同轴电缆传送 CATV(有线电视)信号,也可以接出双绞线电缆传送电话信号或提供 Internet 接入服务。

2. FTTB

FTTB 可以按服务对象分为两种,一种是为公寓大厦提供服务,另一种是为商业大楼提供服务,两种服务方式都将光网络单元设置在大楼的地下室配线箱处,只是公寓大厦的光网络单元是 FTTC 的延伸,而商业大楼是为中大型企业单位提供服务,因此必须提高传输的速率,以提供高速的电子商务、视频会议等宽带服务。

3. FTTH

对于 FTTH,ITU(国际电信联盟)认为从光纤端头的光电转换器(或称为媒体转换器)到用户桌面不超过 100m 的情况才是 FTTH。FTTH 将光纤的距离延伸到终端用户家里,从而为家庭用户提供各种多种宽带服务。从发展趋势来看,从本地交换机一直到用户全部为光纤连接,没有任何铜缆,也没有有源设备,是接入网发展的长远目标。

3.2.2　FTTx＋LAN

由于 FTTx 接入方式成本较高,就目前普通人群的经济承受能力和网络应用水平而言,并不完全适合。而将 FTTx 与 LAN 结合,可以大大降低接入成本,同时可以提供高速的用户端接入带宽,是目前比较理想的用户接入方式。基于光纤的 LAN 接入方式是一种利用光纤加双绞线方式实现的宽带接入方案,与其他接入方式相比,具有以下技术特点。

1. 网络可靠、稳定

实现千兆光纤到小区(大楼)中心交换机,楼道交换机和小区中心交换机、小区中心交换机和局端交换机之间通过光纤相连。网络稳定性高、可靠性强。

2. 用户投资少、价格便宜

用户不需要购买其他接入设备,只需一台带有网卡(NIC)的 PC 即可接入 Internet。

3. 安装方便

FTTx+LAN 方式采用星形拓扑结构,小区、大厦、写字楼内采用综合布线,用户主要通过双绞线接入网络,即插即用,上网速率可达 100Mbps。根据用户群体对不同速率的需求,用户的接入速率可以方便地扩展到 1Gbps,从而实现企业局域网间的高速互联。

4. 可支持各种多媒体网络应用

通过 FTTx+LAN 方式可以实现高速上网、远程办公、远程教学、远程医疗、VOD 点播、视频会议、VPN 等多种业务。

3.2.3　PPPoE

PPPoE(Point to Point Protocol over Ethernet)的中文名称为以太网的点到点连接协议,这个协议是为了满足越来越多的宽带上网设备和越来越快的网络之间的通信而制定的标准,它基于两个被广泛接受的标准即 Ethernet 和 PPP(点对点拨号协议)。PPPoE 的实质是以太网和拨号网络之间的一个中继协议,继承了以太网的快速和 PPP 拨号的简单、用户验证、IP 分配等优势。在实际应用上,PPPoE 利用以太网的工作机理,将计算机与局域网互联,采用 RFC1483 的桥接封装方式对 PPP 包进行 LLC/SNAP 封装后,通过连接两端的PVC(Permanence Virtual Circuit,固定虚拟连接),与网络中的宽带接入服务器之间建立连接,实现 PPP 的动态接入。PPPoE 接入可以完成以太网上多用户的共同接入,实用方便,实际组网方式也很简单,大大降低了网络的复杂程度。由于 PPPoE 具备了以上这些特点,所以成为当前宽带接入的主流接入协议。

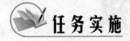**任务实施**

利用光纤以太网接入 Internet 也有多种方式,本次任务主要实现计算机通过光纤以太网的直接接入。

操作 1　安装和连接硬件设备

对于采用 FTTx+LAN 方式接入 Internet 的用户,不需要购买其他接入设备,只需要将进入房间的双绞线接入计算机网卡即可。

操作 2　建立 PPPoE 虚拟拨号连接

FTTx+LAN 的接入方式分为虚拟拨号(PPPoE)方式和固定 IP 方式。

固定 IP 方式多面向个人用户企事业单位等拥有局域网的客户提供,用户有固定 IP 地址,费用可根据实际情况按点或按光纤带宽费用计收。用户在将 LAN 的双绞线接入网卡后,需要设置分配对应的 IP 地址信息,不需要拨号就可以连入网络。

虚拟拨号(PPPoE)方式大多面向个人用户开放,费用相对较低。用户无固定 IP 地址,必须到指定的开户部门开户并获得用户名和密码,使用专门的宽带拨号软件接入互联网。

目前大部分用户都采用这种方式。在 Windows 操作系统中建立 PPPoE 虚拟拨号连接的方法与建立电话拨号连接一样,基本操作步骤如下。

(1)在"控制面板"中单击"网络和 Internet",打开"网络和 Internet"窗口。在"网络和 Internet"窗口中单击"网络与共享中心",打开"网络和共享中心"窗口。

(2)在"网络和共享中心"对话框中,单击"设置新的连接或网络"链接,打开"选择一个连接选项"对话框,如图 3-3 所示。

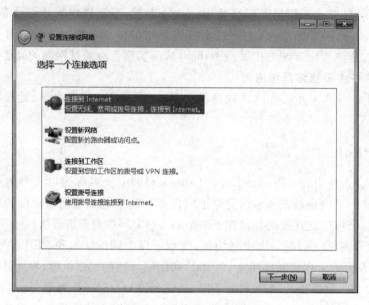

图 3-3 "选择一个连接选项"对话框

(3)在"选择一个连接选项"对话框中,选择"连接到 Internet",单击"下一步"按钮,打开"您想如何连接"对话框,如图 3-4 所示。

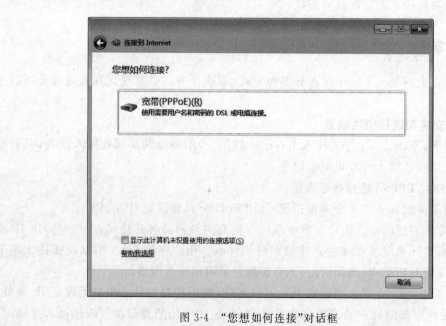

图 3-4 "您想如何连接"对话框

（4）在"您想如何连接"对话框中选择"宽带（PPPoE）"，单击"下一步"按钮，打开"输入您的 Internet 服务提供商（ISP）提供的信息"对话框，如图 3-5 所示。

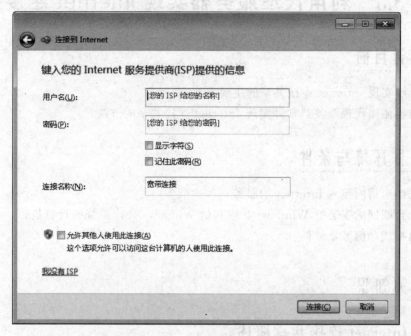

图 3-5　"输入您的 Internet 服务提供商（ISP）提供的信息"对话框

（5）在"输入您的 Internet 服务提供商（ISP）提供的信息"对话框中的"用户名"文本框处填入申请的账户名，在"密码"与"确认密码"文本框处填入用户密码。用户名、密码是区分大、小写字母的，这里输入的资料必须正确，否则将不能成功登录。单击"连接"按钮，完成设置。

操作 3　访问 Internet

在 Windows 系统中，利用 PPPoE 虚拟拨号连接访问 Internet 的操作步骤为：在"控制面板"中单击"网络和 Internet"，打开"网络和 Internet"窗口，单击"网络与共享中心"，在打开的"网络和共享中心"对话框中单击"更改适配器设置"链接，打开"网络连接"窗口。在"网络连接"窗口中双击所创建的 PPPoE 连接，系统会打开 PPPoE 连接窗口，如图 3-6 所示。输入用户名和密码后，单击窗口左下角的"连接"按钮。如果连接成功，就可以访问 Internet 了。

　　注意：与本地连接相同，用户可以对 PPPoE 连接的属性进行查看和设置，也可以使用 ipconfig 或 ipconfig /all 命令查看计算机通过虚拟拨号连接所获得的 IP 地址信息。

图 3-6　PPPoE 连接窗口

任务 3.3　利用代理服务器实现 Internet 连接共享

任务目的

（1）了解实现 Internet 连接共享的主要方式；

（2）熟悉使用代理服务器软件实现 Internet 连接共享的方法。

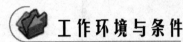

工作环境与条件

（1）已经申请的接入 Internet 的服务；

（2）几台联网的安装好 Windows 7 或其他 Windows 操作系统的计算机；

（3）典型代理服务器软件。

相关知识

3.3.1　Internet 连接共享概述

如果一个局域网中的多台计算机需要同时接入 Internet，一般可以采取两种方式。一种方式是为每一台要接入 Internet 的计算机申请一个公有 IP 地址，并通过路由器将局域网与 Internet 相连，路由器与 ISP 通过专线（如 DDN）连接，这种方式的缺点是浪费 IP 地址资源、运行费用高，所以一般不采用。另一种方式是共享 Internet 连接，即只申请一个 IP 地址，局域网中的一台计算机与 Internet 相连，其余的计算机共享这个 IP 地址接入 Internet。

要实现 Internet 连接共享可以通过硬件和软件两种方式。

1. 硬件方式

硬件方式是指通过路由器、宽带路由器、无线路由器、内置路由功能的 ADSL Modem 等实现 Internet 连接共享。使用硬件方式不但可以实现 Internet 连接共享，而且目前的宽带路由器、无线路由器产品都带有防火墙和路由功能，因此设置方便、操作简单、使用效果好，但硬件方式需要购买专门的接入设备，投资费用稍高。

2. 软件方式

软件方式主要通过代理服务器类和网关类软件实现 Internet 连接共享。常用的软件有 SyGate、WinGate、CCProxy、HomeShare、WinProxy、SinforNAT、ISA 等，Windows 操作系统中也内置了共享 Internet 工具"Internet 连接共享"。采用软件方式虽然在方便性上不如硬件方式，而且对服务器的配置要求较高，但由于很多软件是免费的或系统自带的，并且可以对网络进行有效的管理和控制，因此也得到了广泛的应用。

3.3.2　宽带路由器方案

宽带路由器是近年来广泛使用的一种网络产品，它集成了路由器、防火墙、带宽控制和管理等功能,并内置多口 10/100Mbps 自适应交换机,方便多台机器连接内部网络与 Internet。宽带路由器可主要实现以下功能。

- 内置 PPPoE 虚拟拨号:宽带路由器内置了 PPPoE 虚拟拨号功能,可以方便地替代手工拨号接入。
- 内置 DHCP 服务器:宽带路由器都内置有 DHCP 服务器和交换机端口,可以为客户端自动分配 IP 地址信息,便于用户组网。
- NAT 功能:宽带路由器一般利用 NAT(网络地址转换)功能以实现多用户的共享接入,内部网络用户连接 Internet 时,NAT 将用户的内部网络 IP 地址转换成一个外部公共 IP 地址,当外部网络数据返回时,NAT 则将目标地址替换成初始的内部用户地址以便内部用户接收数据。

如果采用 FTTx+LAN 方式接入 Internet,可以选择一台 10Mbps 或 100Mbps 宽带路由器作为交换设备和 Internet 连接共享设备,如果需要,也可以通过级联交换机的方式,成倍地扩展网络端口,如图 3-7 所示。

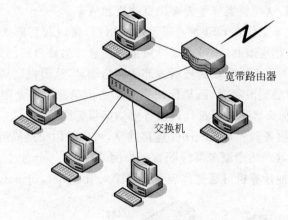

图 3-7　宽带路由器方案

另外目前有些宽带路由器提供了多个外部接口,能够同时连接 2~4 个 Internet 连接,可以把局域网内的各种传输请求,根据事先设定的负载均衡策略,分配到不同的宽带出口,从而实现智能化的信息动态分流,扩大了整个局域网的出口带宽,起到了带宽成倍增加的作用。

采用宽带路由器作为 Internet 连接共享设备,既可实现计算机之间的连接,又有效地实现了 Internet 连接共享。在该方案中,任何计算机均可随时接入 Internet,不受其他计算机的影响,适用于家庭或小型办公网络,以及网吧和其他中小型网络。

3.3.3　无线路由器方案

无线路由器(Wireless Router)是将单纯性无线 AP 和宽带路由器合二为一的扩展型产品,它具备宽带路由器的所有功能如支持 DHCP 客户端、支持防火墙、支持 NAT 等。利用无线路由器可以实现小型无线网络中的 Internet 连接共享。

3.3.4 代理服务器方案

代理服务器(Proxy)处于客户机与服务器之间,对于服务器来说,Proxy 是客户机;对于客户机来说,Proxy 是服务器。它的作用很像现实生活中的代理服务商。在一般情况下,使用网络浏览器直接去连接 Internet 站点取得网络信息时,是直接联系到目的站点服务器,然后由目的站点服务器把信息传送回来。代理服务器是介于客户端和 Web 服务器之间的另一台服务器,有了它之后,浏览器不是直接到 Web 服务器去取回网页,而是向代理服务器发出请求,信号会先送到代理服务器,由代理服务器来取回浏览器所需要的信息并传送给浏览器。代理服务器主要有以下功能。

- 代理服务器可以代理 Internet 的多种服务,如 WWW、FTP、E-mail、DNS 等。
- 通常代理服务器都具有缓冲的功能,它有很大的存储空间,不断将新取得的数据储存到本机的存储器上,如果浏览器所请求的数据在本机的存储器上已经存在而且是最新的,那么它就不重新从 Web 服务器获取数据,而直接将存储器上的数据传送给用户的浏览器,这样就能显著提高浏览速度和效率。
- 代理服务器主要工作在 OSI 参考模型的对话层,可以起到防火墙的作用,在代理服务器可以设置相应限制,以过滤或屏蔽某些信息。另外目的网站只知道访问来自于代理服务器,因此可以隐藏局域网内部的网络信息,从而提高局域网的安全性。
- 客户访问权限受到限制时,而某代理服务器的访问权限不受限制,刚好在客户的访问范围之内,那么客户可通过代理服务器访问目标网站。

如果要使用代理服务器实现 Internet 连接共享,可先使用交换机组建局域网,然后将其中一台作为代理服务器。代理服务器应配置两个网络连接,一个通过接入 Internet,另一个接入局域网。此时其他计算机可通过代理服务器接入 Internet,如图 3-8 所示。

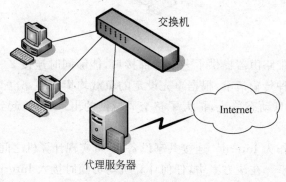

图 3-8　代理服务器方案

注意:代理服务器上用于接入 Internet 的连接,可以是基于网卡的本地连接,也可以是基于 PPPoE 的宽带连接和基于无线网卡的无线连接。

 **任务实施**

操作 1　使用 Windows 自带的 Internet 连接共享

Internet 连接共享是 Windows 98 第 2 版之后,Windows 操作系统内置的一个多机共享接入 Internet 的工具,该工具设置简单,使用方便。多台计算机通过 Windows 系统自带工具共享接入 Internet 的网络结构可参照图 3-8 所示。具体操作步骤如下。

1)制作双绞线跳线

通常在组网时要使用双绞线跳线来完成计算机与交换机的连接。所谓双绞线跳线是两端带有 RJ-45 水晶头(如图 3-9 所示)的一段双绞线线缆,如图 3-10 所示。一般情况下,可以购买厂商生产的机压双绞线跳线,也可以自行制作双绞线跳线,制作双绞线跳线的基本方法如下。

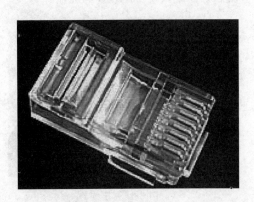

图 3-9　RJ-45 水晶头

图 3-10　双绞线跳线

- 剪下所需的双绞线长度,至少 0.6 米,最多不超过 5 米。
- 利用剥线钳将双绞线的外皮除去约 3 厘米,如图 3-11 所示。
- 将裸露的双绞线中的橙色对线拨向自己的左方,棕色对线拨向右方向,绿色对线拨向前方,蓝色对线拨向后方,小心的剥开每一对线,按 EIA/TIA 568B 标准(白橙—橙—白绿—蓝—白蓝—绿—白棕—棕)排列好,如图 3-12 所示。

图 3-11　利用剥线钳除去双绞线外皮

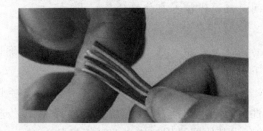

图 3-12　剥开每一对线,排好线序

- 把线排整齐,将裸露出的双绞线用专用钳剪下,只剩约 14mm 的长度,并剪齐线头,如图 3-13 所示。
- 将双绞线的每一根线依序放入 RJ-45 水晶头的引脚内,第一只引脚内应该放白橙色的线,其余类推,如图 3-14 所示,注意插到底,直到另一端可以看到铜线芯为止,如图 3-15 所示。
- 将 RJ-45 水晶头从无牙的一侧推入压线钳夹槽,用力握紧压线钳,将突出在外的针脚全部压入水晶头内,如图 3-16 所示。

59

图 3-13　剪齐线头

图 3-14　将双绞线放入 RJ-45 水晶头

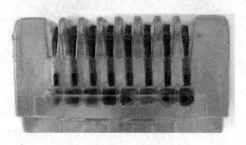

图 3-15　插好的双绞线

图 3-16　压线

- 用同样的方法完成另一端的制作。

2）连接网络

用双绞线跳线两端的 RJ-45 水晶头分别连接计算机网卡和交换机面板上的 RJ-45 接口，即可实现计算机与交换机的连接。将所有计算机连接在同一交换机上，就组成了一个小型局域网。

注意：对于采用光纤以太网方式接入 Internet 的用户，在进行网络连接时可将进入房间的双绞线接入交换机的某一 RJ-45 接口。

3）设置服务器端

在服务器上首先应按照 ISP 的要求正确设置能够连接 Internet 的网络连接，并完成以下操作。

（1）在"网络连接"窗口中右击能够连接 Internet 的网络连接，在弹出的菜单中选择"属性"命令，打开其"属性"对话框，选择"共享"选项卡。选中"Internet 连接共享"选项组中的"允许其他网络用户通过此计算机的 Internet 连接来连接"复选框，在"家庭网络连接"中选择与本地局域网通信的网络连接，如图 3-17 所示。

（2）单击"确定"按钮，弹出"网络连接"提示对话框，如图 3-18 所示。单击"是"按钮，关闭对话框，此时已经在服务器上启用了 Internet 连接共享功能。

启用 Internet 连接共享功能后，会对服务器的系统设置进行如下修改。

- 内部网卡的 IP 地址被修改（如 IP 地址被设为 192.168.137.1，子网掩码被设为 255.255.255.0）；
- 创建 IP 路由；
- 启用 DNS 代理；

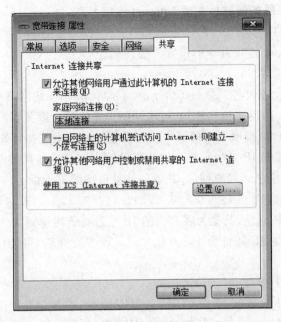

图 3-17 "共享"选项卡

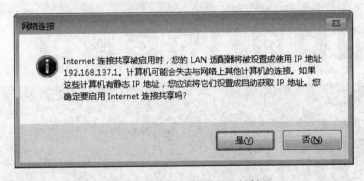

图 3-18 "网络连接"提示对话框

- 启用 DHCP 分配器(DHCP 分配范围与内部网卡 IP 地址同网段,若内部网卡的 IP 地址被修改为 192.168.137.1,则 DHCP 分配范围为 192.168.137.2～192.168.137.254,子网掩码为 255.255.255.0);
- 启动 Internet 连接共享服务;
- 启动自动拨号。

4) 客户端设置

在客户端只需要为相应的局域网连接设置 IP 地址信息即可,设置时可以采用自动获取 IP 地址的方式,也可以设置静态 IP 地址。需要注意的是,如果使用自动获取 IP 地址的方式,则所有客户端都应采用该方式,以避免冲突;如果设置静态 IP 地址,则客户端的 IP 地址应与服务器内部网卡 IP 地址同网段,若内部网卡的 IP 地址被修改为 192.168.137.1,则客户端 IP 地址应设为 192.168.137.2～192.168.137.254,子网掩码为 255.255.255.0,默认网关和 DNS 服务器 IP 地址为 192.168.137.1。

操作 2　利用代理服务器软件实现 Internet 连接共享

代理服务器软件的种类很多,在这里以 CCProxy 代理服务器软件为例,介绍使用代理服务器软件实现 Internet 连接共享的设置方法。

1) 网络环境配置要求

多台计算机通过代理服务器软件 CCProxy 共享 Internet 的网络结构与使用 Windows 自带工具共享 Internet 的网络结构相同,可参照图 3-8 所示。服务器有两个网络连接,一个网络连接接入 Internet,应按照 ISP 的要求进行设置;另一个连接用来连接局域网交换机,应按照局域网的要求配置 IP 地址信息。客户机的网卡直接连接局域网交换机,应按照局域网的要求配置 IP 地址信息。局域网的 IP 地址信息可按照下面的方法进行配置:计算机的 IP 地址可设为 192.168.0.1、192.168.0.2、192.168.0.3、…、192.168.0.254,其中 192.168.0.1 为服务器的 IP 地址,其他为客户机的 IP 地址;子网掩码为 255.255.255.0;默认网关为空;首选 DNS 的 IP 地址为 192.168.0.1。设置完成后,可使用 ping 命令测试局域网内的连通性。

2) 在代理服务器上安装和运行 CCProxy

CCProxy 的安装非常简单,双击 CCProxy 安装文件,按照向导提示操作即可,安装完成后 CCProxy 将自动运行,并启动默认服务和默认服务端口,如图 3-19 所示。

图 3-19　CCProxy 的运行界面

在图 3-19 中单击"设置"按钮,可以看到 CCProxy 启动的默认服务和默认服务端口,如图 3-20 所示。

如果在启动时没有出现任何错误信息,那么安装成功,就可以直接设置客户端实现共享接入 Internet。当然如果想对客户段进行相应的控制和管理功能,可以对 CCProxy 进行相关的设置,具体设置方法请参考《CCProxy 使用手册》。

3) 客户端的设置

在确认客户端与服务器能够互相访问的前提下,可以对客户端相应网络软件进行设置,

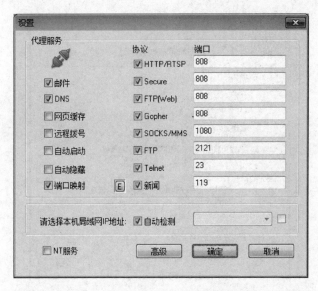

图 3-20　CCProxy 启动的默认服务和默认服务端口

这里以 Internet Explorer 为例介绍客户端网络软件的设置方法。

（1）打开 Internet Explorer，单击"工具"按钮，选择"Internet 选项"。在"Internet 选项"对话框中单击"连接"选项卡，单击"局域网设置"按钮，打开"局域网（LAN）设置"对话框，在"代理服务器中"选中"为 LAN 使用代理服务器（这些设置不用于拨号或 VPN 连接）"复选框，如图 3-21 所示。

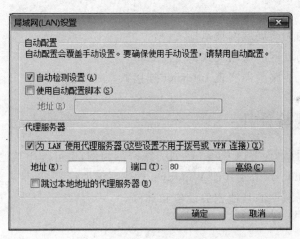

图 3-21　"局域网（LAN）设置"对话框

（2）单击"高级"按钮，打开"代理服务器设置"对话框，在该对话框中输入各服务要使用的代理服务器地址和端口，应按照所设服务器的 IP 地址及相应服务对应端口进行设置，如图 3-22 所示。

（3）单击"确定"按钮，完成设置。

客户端其他软件的设置可参考《CCProxy 客户端设置说明书》，这里不再赘述。

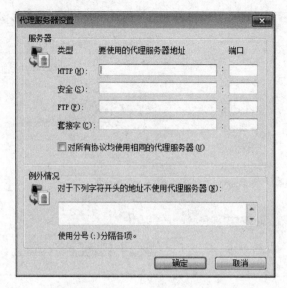

图 3-22 "代理服务器设置"对话框

任务 3.4   利用无线路由器实现 Internet 连接共享

 **任务目的**

（1）了解常用的无线局域网技术；

（2）了解无线局域网的组网模式；

（3）熟悉使用无线路由器实现 Internet 连接共享的方法。

 工作环境与条件

（1）无线路由器（本任务以 Cisco 系列无线产品为例，也可选用其他产品）；

（2）安装好 Windows 7 或其他 Windows 操作系统的计算机（带有无线网卡）；

（3）组建无线局域网的其他相关设备和部件。

 **相关知识**

无线局域网（Wireless Local Area Network，WLAN）是计算机网络与无线通信技术相结合的产物。简单地说，无线局域网就是在不采用传统电缆线的同时，提供传统有线局域网的所有功能。即无线局域网采用的传输介质不是双绞线或者光纤，而是红外线或者无线电波。无线网络是有线网络的补充，适用于不便于架设线缆的网络环境。

3.4.1 无线局域网的技术标准

最早的无线局域网产品运行在 900MHz 的频段上,速度大约只有 1～2Mbps。1992 年,工作在 2.4GHz 频段上的产品问世,之后的大多数无线局域网产品也都在此频段上运行。无线局域网常用的技术标准有 IEEE 802.11 系列标准、家用射频工作组提出的 HomeRF、欧洲的 HiperLAN2 协议以及 Bluetooth(蓝牙)等,其中 IEEE 802.11 系列标准应用最为广泛,已经成为目前事实上占主导地位的无线局域网标准。

注意:常说的 WLAN 指的就是符合 IEEE 802.11 系列标准的无线局域网技术。除 WLAN 外,GPRS/CDMA/3G 也是流行的无线接入技术。从技术定位看,WLAN 主要是在有限的覆盖区域内提供高带宽的无线访问,满足小型用户群的使用需求;而 GPRS/CDMA/3G 网络的数据吞吐速度明显低于 WLAN,但支持跨广域范围的网络覆盖。WLAN 和 GPRS/CDMA/3G 网络形成了一种相互补充的关系,可满足不同用户需求。

1997 年 6 月,IEEE 推出了第一代无线局域网标准——IEEE 802.11。该标准定义了物理层和介质访问控制子层(MAC)的协议规范,速度大约有 1～2Mbps。任何 LAN 应用、网络操作系统或协议在遵守 IEEE 802.11 标准的 WLAN 上运行时,就像它们运行在以太网上一样。为了支持更高的数据传输速度,IEEE 802.11 系列标准定义了多样的物理层标准,主要包括 IEEE 802.11b、IEEE 802.11a、IEEE 802.11g 和 IEEE 802.11n。

1. IEEE 802.11b

IEEE 802.11b 标准对 IEEE 802.11 标准进行了修改和补充,规定无线局域网的工作频段为 2.4GHz～2.4835GHz,一般采用直接系列扩频(DSSS)和补偿编码键控(CCK)调制技术,在数据传输速率方面可以根据实际情况在 11Mbps、5.5Mbps、2Mbps、1Mbps 的不同速率间自动切换。

注意:通常符合 IEEE 802.11 标准的产品都可以在移动时根据其与无线接入点的距离自动进行速率切换,而且在进行速率切换时不会丢失连接,也无须用户干预。

2. IEEE 802.11a

IEEE 802.11a 标准规定无线局域网的工作频段为 5.15～5.825GHz,采用正交频分复用(OFDM)的独特扩频技术,数据传输速率可达到 54Mbps。IEEE 802.11a 与工作在 2.4GHz 频率上的 IEEE 802.11b 标准互不兼容。

注意:符合 IEEE 802.11a 标准的产品在移动时能够根据距离自动将 54Mbps 的速率切换到 48Mbps、36Mbps、24Mbps、18Mbps、12Mbps、9Mbps、6Mbps。

3. IEEE 802.11g

IEEE 802.11g 标准可以视作对 IEEE 802.11b 标准的升级,该标准仍然采用 2.4GHz 频段,数据传输速率可达到 54Mbps。IEEE 802.11g 支持 2 种调制方式,包括 IEEE 802.11a 中采用的 OFDM 与 IEEE 802.11b 中采用的 CCK。IEEE 802.11g 标准与 IEEE 802.11b 标准完全兼容,遵循这两种标准的无线设备之间可相互访问。

4. IEEE 802.11n

IEEE 802.11n 标准可以工作在 2.4GHz 和 5GHz 两个频段,实现与 IEEE 802.11b/g 以及 IEEE 802.11a 标准的向下兼容。IEEE 802.11n 标准使用 MIMO(multiple-input multiple-output,多输入多输出)天线技术和 OFDM 技术,其数据传输速率可达 300Mbps 以

上,理论速率最高可达 600Mbps。

注意：Wi-Fi 联盟是一个非营利性且独立于厂商之外的组织,它将基于 IEEE 802.11 协议标准的技术品牌化。一台基于 802.11 协议标准的设备,需要经历严格的测试才能获得 Wi-Fi 认证,所有获得 Wi-Fi 认证的设备之间可进行交互,不管其是否为同一厂商生产。

3.4.2 无线局域网的硬件设备

组建无线局域网的硬件设备主要包括：无线网卡、无线访问接入点、无线路由器和天线等,几乎所有的无线网络产品中都自含无线发射/接收功能。

1. 无线网卡

无线网卡在无线局域网中的作用相当于有线网卡在有线局域网中的作用。无线网卡主要包括 NIC(网卡)单元、扩频通信机和天线三个功能模块。NIC 单元属于数据链路层,由它负责建立主机与物理层之间的连接；扩频通信机与物理层建立了对应关系,它通过天线实现无线电信号的接收与发射。按无线网卡的接口类型可分为适用于台式机的 PCI 接口的无线网卡和适用于笔记本电脑的 PCMCIA 接口的无线网卡,另外还有在台式机和笔记本电脑均可采用的 USB 接口的无线网卡。

注意：目前很多计算机的主板都集成了无线网卡,无须单独购买。

2. 无线访问接入点

无线访问接入点(Access Point,AP)是在无线局域网环境中进行数据发送和接收的集中设备,相当于有线网络中的集线器,如图 3-23 所示。通常,一个 AP 能够在几十至几百米的范围内连接多个无线用户。AP 可以通过标准的以太网电缆与传统的有线网络相连,从而可以作为无线网络和有线网络的连接点。AP 还可以执行一些安全功能,可以为无线客户端及通过无线网络传输的数据进行认证和加密。由于无线电波在传播过程中会不断衰减,导致 AP 的通信范围被限定在一定的范围内,这个范围被称作蜂窝。如果采用多个 AP,并使它们的蜂窝互相有一定范围的重合,当用户在整个无线局域网覆盖区域内移动时,无线网卡能够自动发现附近信号强度最大的 AP,并通过这个 AP 收发数据,保持不间断的网络连接,这种方式称为无线漫游。

3. 无线路由器

无线路由器实际上是无线 AP 与宽带路由器的结合,借助于无线路由器,可实现无线网络中的 Internet 连接共享。

4. 天线

天线(Antenna)的功能是将信号源发送的信号传送至远处。天线一般有定向性和全向性之分,前者较适合于长距离使用,而后者则较适合区域性的使用。例如若要将第一栋建筑物内的无线网络的范围扩展到 1km 甚至更远距离以外的第二栋建筑物,可选用的一种方法是在每栋建筑物上安装一个定向天线,天线的方向互相对准,第一栋建筑物的天线经过 AP 连到有线网络上,第二栋建筑物的天线接到第二栋建筑物的 AP 上,如此无线网络就可以接通相距较远的两个或多个建筑物。图 3-24 所示为一款可用于室外的壁挂定向天线。

图 3-23　无线访问接入点

图 3-24　壁挂定向天线

3.4.3　无线局域网的组网模式

将各种无线局域网设备结合在一起使用,就可以组建出多层次、无线与有线并存的计算机网络。在 IEEE 802.11 标准中,一组无线设备被称为服务集(Service Set),这些设备的服务集标识(SSID)必须相同。服务集标识是一个文本字符串,包含在发送的数据帧中,如果发送方和接收方的 SSID 相同,这两台设备将能够通信。

1. BSS 组网模式

基本服务集(Basic Service Set,BSS)包含一个接入点(AP),负责集中控制一组无线设备的接入。要使用无线网络的无线客户端都必须向 AP 申请成员资格,客户端必须具备匹配的 SSID、兼容的 WLAN 标准、相应的身份验证凭证等才被允许加入。若 AP 没有连接有线网络,则可将该 BSS 称为独立基本服务集(Independent Basic Service Set,IBSS);若 AP 连接到有线网络,则可将其称为基础结构 BSS,如图 3-25 所示。若不使用 AP,安装无线网卡的计算机之间直接进行无线通信,则被称作临时性网络(Ad-hoc Network)。

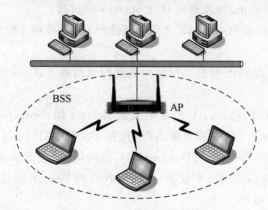

图 3-25　基础结构 BSS 组网模式

注意：在无线客户端与 AP 关联后，所有来自和去往该客户端的数据都必须经过 AP，而在 Ad-hoc Network 中，所有客户端相互之间可以直接通信。

2. ESS 组网模式

基础结构 BSS 虽然可以实现有线和无线网络的连接，但无线客户端的移动性将被限制在其对应 AP 的信号覆盖范围内。扩展服务集（Extended Service Set，ESS）通过有线网络将多个 AP 连接起来，不同 AP 可以使用不同的信道，如图 3-26 所示。无线客户端使用同一个 SSID 在 ESS 所覆盖的区域内进行实体移动时，将自动切换到干扰最小、连接效果最好的 AP。

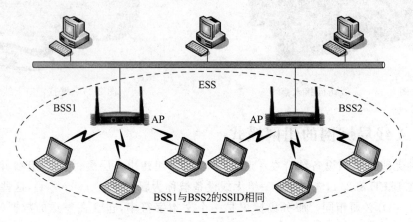

图 3-26　ESS 组网模式

3.4.4　无线局域网的用户接入

基于 IEEE 802.11 协议的 WLAN 设备的大部分无线功能都是建立在 MAC 子层上的。无线客户端接入到 IEEE 802.11 无线网络主要包括以下过程。

* 无线客户端扫描（Scanning）发现附近存在的 BSS。
* 无线客户端选择 BSS 后，向其 AP 发起认证（Authentication）过程。
* 无线客户端通过认证后，发起关联（association）过程。
* 通过关联后，无线客户端和 AP 之间的链路已建立，可相互收发数据。

1. 扫描（Scanning）

无线客户端扫描发现 BSS 有被动扫描和主动扫描两种方式。

（1）被动扫描

在 AP 上设置 SSID 信息后，AP 会定期发送 Beacon 帧。Beacon 帧中会包含该 AP 所属的 BSS 的基本信息以及 AP 的基本能力级，包括 BSSID（AP 的 MAC 地址）、SSID、支持的速率、支持的认证方式，加密算法、Beacons 帧发送间隔、使用的信道等。在被动扫描模式中，无线客户端会在各个信道间不断切换，侦听所收到的 Beacon 帧并记录其信息，以此来发现周围存在的无线网络服务。

（2）主动扫描

在主动扫描模式中，无线客户端会在每个信道上发送 Probe Request 帧以请求需要连接的无线接入服务，AP 在收到 Probe Request 帧后会回应 Probe Response 帧，其包含的信息和 Beacon 帧类似,无线客户端可从该帧中获取 BSS 的基本信息。

注意:如果 AP 发送的 Beacon 帧中隐藏了 SSID 信息,则应使用主动扫描方式。

2. 认证(Authentication)

(1) 认证方式

IEEE 802.11 的 MAC 子层主要支持两种认证方式。

- 开放系统认证:无线客户端以 MAC 地址为身份证明,要求网络 MAC 地址必须是唯一的,这几乎等同于不需要认证,没有任何安全防护能力。在这种认证方式下,通常应采用 MAC 地址过滤、RADIUS 等其他方法来保证用户接入的安全性。
- 共享密钥认证:该方式可在使用 WEP(Wired Equivalent Privacy,有线等效保密)加密时使用,在认证时需校验无线客户端采用的 WEP 密钥。

注意:开放式认证虽然理论上安全性不高,但由于实际使用过程中可以与其他认证方法相结合,所以实际安全性比共享密钥认证要高,另外其兼容性更好,不会出现某些产品无法连接的问题。另外在采用 WEP 加密算法时也可使用开放系统认证。

(2) WEP

WEP 是 IEEE 802.11b 标准定义的一个用于无线局域网的安全性协议,主要用于无线局域网业务流的加密和节点的认证,提供和有线局域网同级的安全性。WEP 在数据链路层采用 RC4 对称加密技术,提供了 40 位(有时也称为 64 位)和 128 位长度的密钥机制。使用了该技术的无线局域网,所有无线客户端与 AP 之间的数据都会以一个共享的密钥进行加密。WEP 的问题在于其加密密钥为静态密钥,加密方式存在缺陷,而且需要为每台无线设备分别设置密钥,部署起来比较麻烦,因此不适合用于安全等级要求较高的无线网络。

注意:在使用 WEP 时应尽量采用 128 位长度的密钥,同时也要定期更新密钥。如果设备支持动态 WEP 功能,最好应用动态 WEP。

(3) IEEE 802.11i、WPA 和 WPA2

IEEE 802.11i 定义了无线局域网核心安全标准,该标准提供了强大的加密、认证和密钥管理措施。该标准包括了两个增强型加密协议,用以对 WEP 中的已知问题进行弥补。

WPA(Wi-Fi Protected Access,Wi-Fi 网络安全存取)是 Wi-Fi 联盟制订的安全解决方案,它能够解决已知的 WEP 脆弱性问题,并且能够对已知的无线局域网攻击提供防护。WPA 使用基于 RC4 算法的 TKIP 来进行加密,并且使用预共享密钥(PSK)和 IEEE 802.1x/EAP 来进行认证。PSK 认证是通过检查无线客户端和 AP 是否拥有同一个密码或密码短语来实现的,如果客户端的密码和 AP 的密码相匹配,客户端就会得到认证。

WPA2 是获得 IEEE 802.11 标准批准的 Wi-Fi 联盟交互实施方案。WPA2 使用 AES-CCMP 实现了强大的加密功能,也支持 PSK 和 IEEE 802.1x/EAP 的认证方式。

WPA 和 WPA 2 有两种工作模式,以满足不同类型的市场需求。

- 个人模式:个人模式可以通过 PSK 认证无线产品。需要手动将预共享密钥配置在 AP 和无线客户端上,无须使用认证服务器。该模式适用于 SOHO 环境。
- 企业模式:企业模式可以通过 PSK 和 IEEE 802.1x/EAP 认证无线产品。在使用 IEEE 802.1x 模式进行认证、密钥管理和集中管理用户证书时,需要添加使用 RADIUS 协议的 AAA 服务器。该模式适用于企业环境。

3. 关联(association)

无线客户端在通过认证后会发送 Association Request 帧，AP 收到该帧后将对客户端的关联请求进行处理，关联成功后会向客户端发送回应的 Association Response 帧，该帧中将含有关联标识符(Association ID,AID)。无线客户端与 AP 建立关联后，其数据的收发就只能和该 AP 进行。

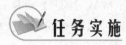

任务实施

在如图 3-27 所示的网络中，若要通过一台 Cisco Linksys 无线路由器实现所有计算机之间的连通和 Internet 接入，并保证无线接入的安全，则基本配置方法如下。

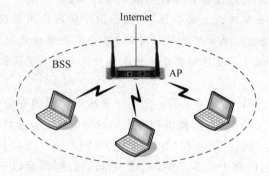

图 3-27　利用无线路由器组建 WLAN 示例

操作 1　配置无线路由器

Cisco Linksys 无线路由器在默认情况下将广播其 SSID 并具有 DHCP 功能，无线客户端可直接接入网络。可在 Cisco Linksys 无线路由器上完成以下设置。

(1) 连接并登录无线路由器

连接并登录无线路由器的操作方法为：

- 利用双绞线跳线将一台计算机与无线路由器的 Ethernet 端口相连。
- 为该计算机设置 IP 地址相关信息，在本例中可将其 IP 地址设置为 192.168.0.254，子网掩码为 255.255.255.0，默认网关为 192.168.0.1。
- 在计算机上启动浏览器，在浏览器的地址栏输入无线路由器的默认 IP 地址，输入相应的用户名和密码后，即可打开无线路由器 Web 配置主页面。

注意：默认情况下，Linksys 无线路由器的 IP 地址为 192.168.0.1/24，DHCP 地址范围为 192.168.0.100～192.168.0.149，不同厂家的产品其默认 IP 地址、用户名及密码并不相同，配置前请认真阅读其技术手册。

(2) 设置 IP 地址及相关信息

在无线路由器配置主页面中，单击 Setup 链接，打开基本设置页面，如图 3-28 所示。在该页面的 Internet Setup 对应的下拉列表中，选择 Internet Connection Type 为 PPPoE，输入相应的用户名和密码。

(3) 无线连接基本配置

在无线路由器配置主页面中，单击 Wireless 链接，打开无线连接基本配置页面，如图 3-29 所示。在该页面中可以对无线连接的网络模式、SSID、带宽、信道等进行设置。为了

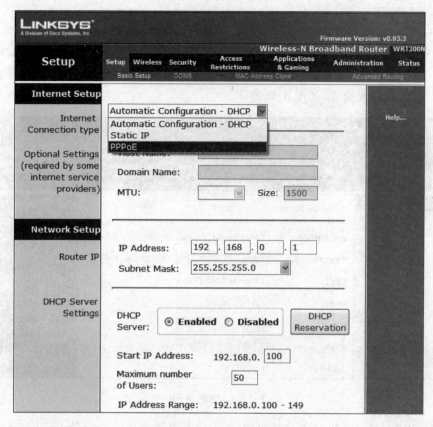

图 3-28　无线路由器基本配置页面

实现无线接入的安全，应选择不使用默认的 SSID 并禁用 SSID 广播。具体设置方法非常简单，只需在无线连接基本配置页面的 Network Name(SSID)文本框中输入新的 SSID，并将 SSID Broadcast 设置为 Disabled，单击 Save Setting 按钮即可。

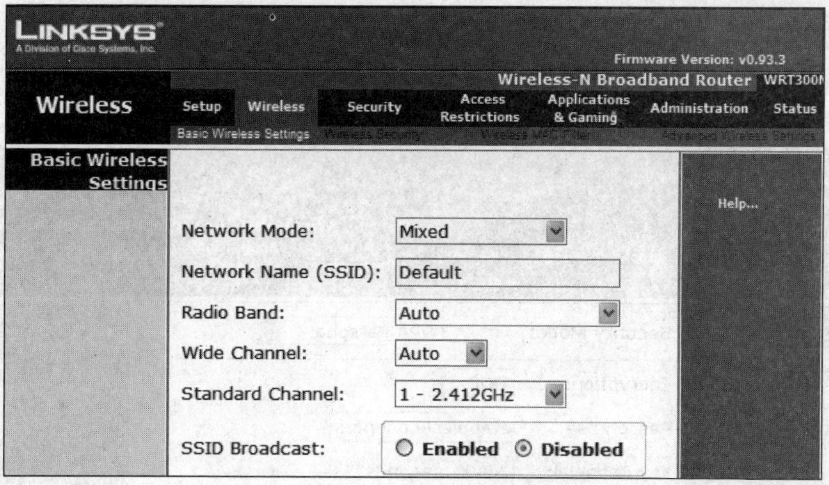

图 3-29　无线连接基本配置页面

（4）设置 WEP

在 Linksys 无线路由器上设置 WEP 的方法为：在无线连接基本配置页面单击 Wireless Security 链接，打开无线网络安全设置页面。在 Security Mode 中选择 WEP，在 Encryption 中选择 104/128-Bit（26 Hex digits），在 Key1 文本框中输入 WEP 密钥，单击 Save Setting 按钮完成设置，如图 3-30 所示。

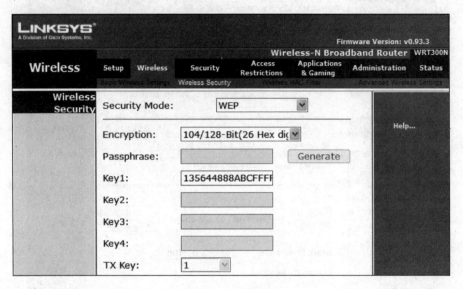

图 3-30　设置 WEP

注意：如果选择了 128 位长度的密钥，则在输入密钥时应输入 26 个 0～9 和 A～F 的字符，如果选择了 64 位长度的密钥，则应输入 10 个 0～9 和 A～F 的字符。

（5）设置 WPA

在 Linksys 无线路由器上设置 WPA 的操作方法为：在无线网络安全设置页面的 Security Mode 中选择 WPA Personal，在 Encryption 中选择 TKIP，在 Passphrase 文本框中输入密码短语，单击 Save Setting 按钮完成设置，如图 3-31 所示。

注意：在功能上，密码短语同密码是一样的，为了加强安全性，密码短语通常比密码要长，一般应使用 4～5 个单词，长度在 8～63 个字符。

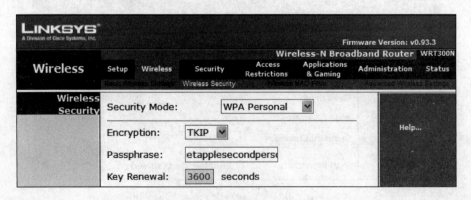

图 3-31　设置 WPA

（6）设置 WPA2

在 Linksys 无线路由器上设置 WPA2 的操作方法与设置 WPA 基本相同，这里不再赘述。

注意：限于篇幅，以上只完成了 Linksys 无线路由器的基本设置，其他设置请查阅产品说明书或相关技术手册。

操作 2　配置无线客户端

在无线路由器进行了基本安全设置后，无线客户端要连入网络应完成以下操作：在"网络连接"窗口中直接右击"无线网络连接"图标，选择"属性"命令。在打开的"无线网络连接属性"对话框中选择"无线网络配置"选项卡，如图 3-32 所示。在"无线网络配置"选项卡中单击"添加"按钮，打开"无线网络属性"对话框，如图 3-33 所示。在该对话框中，输入要连接的无线网络的 SSID 以及 WEP 或 WPA、WPA2 密钥，单击"确定"按钮即可完成设置。

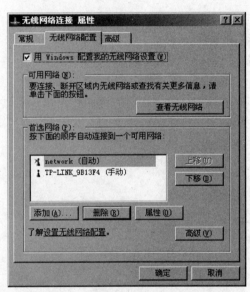
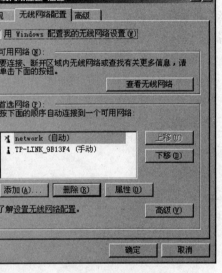

图 3-32　"无线网络配置"选项卡　　　　图 3-33　"无线网络属性"对话框

注意：若无线路由器未禁用 SSID 广播，则可直接查看无线网络，找到相应 SSID，输入密钥后进行连接即可。另外，由于无线路由器具有 DHCP 功能，所以在无线客户端上无须手动设置 IP 地址信息。

习　题　3

1. 常见的广域网技术有哪些？各有什么特点？
2. 选择 ISP 时应注意哪些方面的问题？
3. 什么是 PPPoE？简述其特点和作用。
4. FTTx 通常包括哪些类型？
5. 对于家庭或小型办公网络，目前主要可以采用哪些方式实现 Internet 连接共享？

6. 目前常见的无线局域网技术标准有哪些？各有什么特点？

7. 无线局域网常用的组网设备有哪些？

8. 利用代理服务器实现 Internet 连接共享。

内容及操作要求：把所有的计算机组建为一个名为"Networks"的工作组网络，利用代理服务器使所有计算机能够通过一个网络连接访问 Internet。

准备工作：安装 Windows 7 或以上版本操作系统的计算机 3 台；能将 1 台计算机接入 Internet 的设备；组建局域网所需的其他设备。

考核时限：45min。

9. 利用无线路由器实现 Internet 共享。

内容及操作要求：请利用无线路由器将安装无线网卡的计算机组网并完成以下配置：

• 将 SSID 设置为 Student，并禁用 SSID 广播。

• 在网络中设置 WPA 验证。

• 使所有计算机能够通过一个网络连接访问 Internet。

准备工作：1 台无线路由器；3 台安装无线网卡的计算机；能将 1 台计算机接入 Internet 的设备及账号；组建网络所需的其他设备。

考核时限：30min。

模块 4 信 息 收 集

WWW(World Wide Web,万维网)常被当成 Internet 的同义词,WWW 像一个巨大资源库存放着各种信息资源,用户可以通过浏览器及时、方便地获取这些信息资源。当然,网络中的信息资源纷繁复杂,如果用户需要快速找到与自身需求相匹配的内容,则可以通过使用网络信息检索功能来实现。本模块的主要目标是了解 WWW 的基础知识,熟悉常用浏览器的使用方法,掌握常用搜索引擎的使用方法,了解常用网络数据库的检索方法。

任务 4.1 使用 WWW 服务

 **任务目的**

(1) 了解 WWW 的基础知识;

(2) 掌握 Internet Explorer 的使用方法;

(3) 熟悉其他浏览器的使用方法。

 工作环境与条件

(1) 安装好 Windows 7 或其他 Windows 操作系统的计算机;

(2) 能够接入 Internet 的网络环境。

 **相关知识**

4.1.1 WWW 的工作过程

WWW 服务采用客户/服务器模式,客户机即浏览器,服务器即 Web 服务器,各种资源将以 Web 页面的形式存储在 Web 服务器上(也称为 Web 站点),这些页面采用超文本方式对信息进行组织,页面之间通过超链接连接起来,超链接采用 URL(Uniform Resource Locator,统一资源定位符)的形式。这些使用超链接连接在一起的页面信息可以放置在同一主机上,也可以放置在不同的主机上。

当用户要访问 WWW 上的一个网页或其他网络资源的时候,其基本工作过程如下。

• 客户机启动浏览器。

• 在浏览器中输入以 URL 形式表示的、待查询的 Web 页面地址。

• 在 URL 中将包含 Web 服务器的 IP 地址或域名,如果是域名,需要将该域名传送给

DNS 服务器解析其对应的 IP 地址。

- 客户机浏览器与该地址的 Web 服务器连通,发送一个 HTTP 请求,告知其需要浏览的 Web 页面。
- Web 服务器将对应的 HTML(HyperText Mark-up Language,超文本标记语言)文本、图片和构成该网页的一切其他文件逐一发送回用户。
- 浏览器把接收到的文件,加上图像、链接和其他必需的资源,显示给用户,这些就构成了用户所看到的网页。

4.1.2   URL

URL 也称为网页地址,是用于完整地描述 Internet 上 Web 页面和其他资源的地址的一种标识方法。在实际应用中,URL 可以是本地磁盘,也可以是局域网上的计算机,当然更多的是 Internet 上的站点。URL 的一般格式为(带方括号[]的为可选项):

protocol:// hostname[:port]/path/[;parameters][? query]♯fragment

对 URL 的格式说明如下。

(1) protocol(协议):用于指定使用的传输协议,表 4-1 列出 protocol 属性的部分有效方案名称,其中 HTTP(HyperText Transfer Protocol,超文本传输协议)是目前应用最广泛的协议。

表 4-1   protocol 属性的部分有效方案名称

协议	说　　明	格式
file	资源是本地计算机上的文件	file://
ftp	通过 FTP 访问资源	ftp://
http	通过 HTTP 访问该资源	http://
https	通过安全的 HTTPS 访问该资源	https://
mms	通过支持 MMS(流媒体)协议的播放软件(如 Windows Media Player)播放该资源	mms://
ed2k	通过支持 ed2k(专用下载链接)协议的 P2P 软件(如 emule)访问该资源	ed2k:/
thunder	通过支持 thunder(专用下载链接)协议的 P2P 软件(如迅雷)访问该资源	thunder://
news	通过 NNTP 访问该资源	news://

(2) hostname(主机名):用于指定存放资源的服务器的域名或 IP 地址。有时在主机名前也可以包含连接到服务器所需的用户名和密码(格式:username@password)。

(3) :port(端口号):用于指定存放资源的服务器的端口号,省略时使用传输协议的默认端口。各种传输协议都有默认的端口号,如 HTTP 协议的默认端口为 80。若在服务器上采用非标准端口号,则在 URL 中就不能省略端口号这一项。

(4) path(路径):由零或多个“/”符号隔开的字符串,一般用于表示主机上的一个目录或文件地址。

(5) ;parameters(参数):这是用于指定特殊参数的可选项。

(6) ?query(查询):用于给动态网页(如使用 CGI、ISAPI、PHP/JSP/ASP/ASP. NET 等技术制作的网页)传递参数,可有多个参数,用“&”符号隔开,每个参数的名和值用“＝”符号隔开。

（7）fragment（信息片断）：用于指定网络资源中的片断，例如一个网页中有多个名词解释，可使用 fragment 直接定位到某一名词解释。

注意：Windows 主机不区分 URL 大小写，但 UNIX/Linux 主机区分大小写。另外由于 HTTP 协议允许服务器将浏览器重定向到另一个 URL，因此许多服务器允许用户省略 URL 中的部分内容，如 www。但从技术上来说，省略后的 URL 实际上是一个不同的 URL，服务器需要完成重定向的任务。

4.1.3　浏览器

浏览器是指可以显示网页服务器或者文件系统的 HTML 文件内容，并让用户与这些文件交互的一种软件。网页浏览器主要通过 HTTP 协议与网页服务器交互并获取网页，这些网页由 URL 指定，文件格式通常为 HTML，一个网页中可以包括多个文档，每个文档都是分别从服务器获取的。大部分的浏览器本身支持除了 HTML 之外的广泛的格式，例如 JPEG、PNG、GIF 等图像格式，并且能够扩展支持众多的插件。另外，许多浏览器还支持其他的 URL 类型及其相应的协议，如 FTP、HTTPS 等。HTTP 内容类型和 URL 协议规范允许网页设计者在网页中嵌入图像、动画、视频、声音、流媒体等。

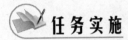 **任务实施**

操作 1　设置和使用 Internet Explorer

Internet Explorer 简称 IE，是 Microsoft 开发的专用浏览器软件，它的版本在不断地升级中，Windows 7 系统自带的浏览器为 Internet Explorer 8.0。

1）启动 Internet Explore 并浏览网页

在 Windows 系统中，单击任务栏左侧快速启动区中的 Internet Explorer 图标，或双击桌面上的 Internet Explorer 图标，即可打开 Internet Explorer，如图 4-1 所示。Internet Explorer 界面主要包括标题栏、地址栏、收藏夹栏、命令栏、主窗口和状态栏等。

使用 Internet Explorer 浏览网页的最简单也是最直接的方法就是直接在地址栏中输入要浏览网页的 URL。如在地址栏中输入 http://www.baidu.com，然后按 Enter 键，就可以浏览百度网站的主页。进入网站主页后，通过页面中的超链接就可以浏览其他的网页了。

注意：用户在地址栏中输入的 URL 会被 Internet Explorer 自动记录下来，可以单击地址栏右侧的下拉箭头查看曾经输入过的 URL 并迅速打开其对应的网页。在打开网页的过程中，可以通过 Internet Explorer 的状态栏查看页面信息的传输过程，当状态栏中出现"完成"时表明所有内容传输完毕。

2）访问历史记录

（1）访问刚刚访问过的网页

若想访问刚刚浏览过的网页时，可以使用地址栏左侧的"后退"按钮。如果要转到下一页，可以使用地址栏左侧的"前进"按钮。如果需要向后或向前跳过几页，可以单击"前进"按钮右侧的下拉箭头，在弹出的列表中选择相应网页即可。

在浏览的过程中，由于线路或其他故障，传输过程被突然中断时，可以单击地址栏右侧的"刷新"按钮或按 F5 键，再次下载该网页。

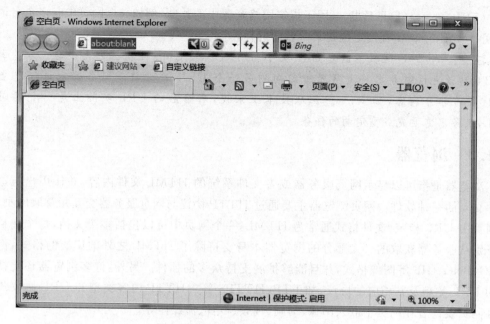

图 4-1　Internet Explorer 运行界面

（2）访问最近访问过的网页

单击"收藏夹"按钮，在弹出的窗格中选择"历史记录"选项卡，该选项卡中将出现近期访问过的网页在主机中存放的文件夹列表，如图 4-2 所示。该文件夹列表包含最近几天或几周访问过的网页的链接。保存时间的长短由"网页保存在历史记录中的天数"决定的。选择历史文件夹中的某个网址就可以浏览该网页，这样既提高了查找速度又节约了费用。

图 4-2　"历史记录"选项卡

3）使用收藏夹浏览经常访问的网页

对于用户需要经常访问的 Internet 站点，Internet Explorer 提供了"收藏夹"的功能。所谓"收藏夹"就是一个类似于资源管理器的管理工具，它为用户提供了保存 URL 和管理 URL 两个基本功能。

（1）添加到收藏夹

用户可以将常用的网站 URL 添加到收藏夹中，日后只需打开收藏夹，单击该页面的链接，就可以浏览或脱机浏览该站点了。将一个 URL 添加到收藏夹的方法有两种，一是当进入该网页后，单击"收藏夹"按钮，在弹出的窗格中单击"添加到收藏夹"按钮；二是在该网页的空白处，右击鼠标，在弹出的菜单中选择"添加到收藏夹"命令，也可以将其添加到收藏夹中。

（2）整理收藏夹

当收藏夹中的内容太多时，要在收藏夹中寻找某一网页的 URL 是一件比较麻烦的事情，这时可以使用"整理收藏夹"功能，将不同分类的网页地址分放在不同的子收藏夹中。单击"收藏夹"按钮，在弹出的窗格中单击"添加到收藏夹"按钮右侧的下拉箭头，在打开的列表中选择"整理收藏夹"命令，打开"整理收藏夹"窗口。在该窗口中可以对收藏夹进行整理，包括创建多个文件夹，将不同类型的 URL 添加到不同的文件夹中，还可以实现文件的重命名、同一文件夹中的删除和不同文件夹之间的移动等，如图 4-3 所示。

图 4-3　"整理收藏夹"窗口

（3）利用收藏夹访问网页

单击"收藏夹"按钮，在弹出的窗格中选择"收藏夹"选项卡，在该选项卡中打开相应的文件夹，单击相应的 URL 即可访问其对应网页。

4）打印网页

利用 Internet Explorer 打印网页和其他常用软件类似，可以直接单击命令栏中的"打印"命令，使用系统默认的页面设置打印网页。另外可以单击"打印"按钮右侧的下拉箭头，在弹出的列表中选择"页面设置"命令对纸张、页边距、页眉和页脚等进行设置，也可通过"打印预览"命令查看打印效果。

5) 保存网页

保存网页是将网页保存到本地计算机,以便日后查阅或者与其他用户共享。保存一个完整的网页一般包括三部分:文本信息、图像和背景图像。根据具体情况可以选择以下几种保存方法。

(1) 只保存相关文字

如果浏览的网页上只有一部分的文字资料是需要保存下来的,那么可以用鼠标将该部分选中,然后单击命令栏中的"页面"按钮,在弹出的下拉菜单中,选择"复制"命令(也可右击鼠标,在弹出的菜单中选择"复制"命令,或使用快捷键 Ctrl+C)。再建立一个文字处理文件,如 Word 或记事本文件,选择"粘贴"命令把刚才复制的文字部分粘贴在新文件中,保存新文件即可。

注意:如果选取时使用快捷键 Ctrl+A,然后进行复制和粘贴操作,那么整个页面的所有文字信息都会被保存下来。

(2) 只保存图片

如果要保存网页中一幅图片,则只需将鼠标指针移至该图片上,右击鼠标,在弹出的菜单中选择"图片另存为"命令,在弹出的"保存图片"对话框中设定存放该图片的文件夹和文件名即可。

(3) 只保存背景

网页中除了有文本和图片外,有的还有背景图像,如果要保存背景图像,则可在网页的空白处右击鼠标,在弹出的菜单中选择"复制背景"命令,在随即出现的对话框中设定存放图像的文件夹和文件名,即可保存该图像。

(4) 保存整个页面

如果要保存整个页面,则可单击命令栏中的"页面"按钮,在弹出的下拉菜单中选择"另存为"命令,在弹出的"保存网页"对话框中需要选择网页的保存类型,选择存放的文件夹和文件名。使用这种方法可以把网页所有的内容都保存下来。如果对要保存的页面非常熟悉,也可以不打开网页直接保存,方法是将鼠标指针移至要保存页面对应的超链接,右击鼠标,在弹出的菜单中选择"目标另存为"命令,就可以保存文件了。

注意:在"保存类型"里 Internet Explorer 提供了 4 个选项。如果选择默认的"网页,全部(*.htm,*.html)"就会把本页面保存为一个 htm 或 html 文件,并把所有的相关内容(如图片、脚本程序等)都保存在一个和文件同名的目录下面。如果选择的是"Web 档案,单个文件(*.mht)"就会把本页面保存为一个 mht 文件,该文件可用 Internet Explorer 打开,页面的所有相关内容(如图片、脚本程序等)都会集成到这个单一文件中;如果选择"网页,仅 HTML(*.htm,*.html)",那么保存下来的虽然还是一个 htm 或 html 文件,但是所有的其他相关内容都没有保存;如果选择"文本文件(*.txt)",那么这个页面就保存成了一个文本文件,当然保存的只有页面上的文字内容。

6) 设置 Internet Explorer 选项

一般情况下,可以直接使用 Internet Explorer 浏览相关信息,但是其默认配置并非适用于每一个用户,此时可以对相关 Internet Explorer 选项进行手工配置。

(1) 更改 Internet Explorer 起始主页

Internet Explorer 起始主页就是用户启动 Internet Explorer 后自动访问的页面。

Internet Explorer 默认的起始主页是 Microsoft 公司的页面,用户可以把自己最频繁访问的站点设置为起始主页。具体操作方法为:启动 Internet Explore,在菜单栏中选择"工具"中的"Internet 选项",打开"Internet 选项"对话框。根据需要在"常规"选项卡"主页"选项区的地址栏中填入想要访问起始主页的 URL,如图 4-4 所示,单击"确定"按钮完成操作。

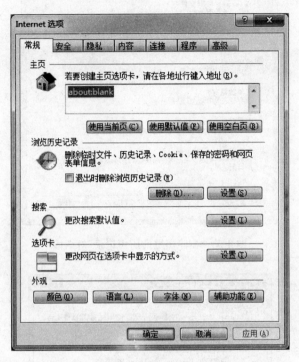

图 4-4　"常规"选项卡

注意:如果要以当前页面为主页,可直接单击"主页"项中的"使用当前页"按钮。如果希望 Internet Explorer 启动时不打开任何网页,可直接单击"主页"选项区中的"使用空白页"按钮。

(2) 删除和设置历史记录

在浏览网页的过程中,Internet Explorer 会自动将访问过的网页内容保存到本地磁盘的临时文件夹中并保存浏览网页的历史记录,这样再次访问这些网页时就只需加载更新的内容,从而提高了网络访问速度。然而随着浏览网页数量的增加,Internet Explorer 临时文件夹中的内容会越来越多,这会造成本地磁盘空间的浪费并带来一定的安全隐患。用户可以根据需要对历史记录进行删除和设置。

删除历史记录的操作方法为:在"Internet 选项"对话框"常规"选项卡的"浏览历史记录"选项区中单击"删除"按钮,打开"删除浏览的历史记录"对话框,如图 4-5 所示。在该对话框中选择要删除的记录,单击"删除"按钮即可完成操作。

设置历史记录的操作方法为:在"Internet 选项"对话框"常规"选项卡的"浏览历史记录"选项区中单击"设置"按钮,打开"Internet 临时文件和历史记录设置"对话框,如图 4-6 所示。在该对话框中可以对 Internet Explorer 临时文件夹的位置、空间大小以及网页保存在历史记录中的天数等进行设置。

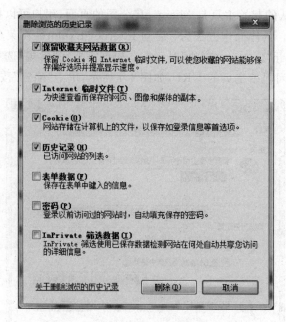

图 4-5 "删除浏览的历史记录"对话框

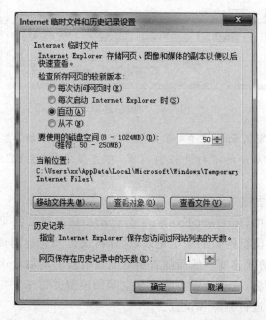

图 4-6 "Internet 临时文件和历史记录设置"对话框

（3）设置安全级别

目前 Internet 中存在着很多安全隐患，如某些网站中会带有病毒、木马、恶意插件等。设置 Internet Explorer 安全级别是保证 Internet 访问安全的基本方法之一。具体操作方法为：在"Internet 选项"对话框中单击"安全"选项卡，如图 4-7 所示。在该选项卡的"选择要查看的区域或更改安全设置"选项区中选择要设置的区域，在"该区域的安全级别"选项区中调节滑块所在位置，根据需要将其安全级别设为高、中、低，单击"确定"按钮即可完成操作。

注意：默认情况下，Internet Explorer 对于 Internet 网站的安全级别为"中—高"。用户可以在可信站点和受限站点中添加自己信任或者不信任站点的 URL。如果当前计算机处于局域网中，用户可设置"本地 Intranet"。Intranet 为企业内部网，用于企业或组织内部的信息交流，通常其可信任度较高。

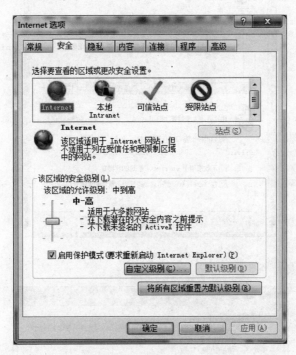

图 4-7　"安全"选项卡

（4）启用并设置弹出窗口阻止程序

在浏览很多网站时会弹出一些广告窗口、动画播放窗口，而这些窗口很多并不是用户想要访问的，逐个关闭它们又非常烦琐，此时可以在 Internet Explorer 中启用弹出窗口阻止程序。具体操作方法为：在"Internet 选项"对话框中单击"隐私"选项卡，如图 4-8 所示。在该选项卡的"弹出窗口阻止程序"选项区中选中"启用弹出窗口阻止程序"复选框，此时 Internet Explorer 会阻止大多数弹出窗口。如果要允许显示某些网站的弹出窗口，则可单击"弹出窗口阻止程序"选项区中"设置"按钮，打开"弹出窗口阻止程序设置"对话框，如图 4-9 所示。在该对话框的"要允许的网站地址"文本框中输入相应网站的地址，单击"添加"按钮即可。

操作 2　设置和使用其他常用浏览器

除 Internet Explorer 外，目前常用的 PC 浏览器还包括 Google Chrome、Firefox、Safari、Opera、百度浏览器、搜狗浏览器、QQ 浏览器、360 浏览器、傲游浏览器等。

注意：很多浏览器产品使用的内核是相同的，如 360 安全浏览器、遨游浏览器都是使用 Internet Explorer 的 Trident 内核。目前也出现了很多"双核"或"多核"的浏览器产品，所谓"双核"或"多核"是指浏览器除使用 Trident 内核外，再增加一个或几个其他内核（如 WebKit、Gecko）。如 360 极速浏览器在浏览一般网页时使用 WebKit 内核以实现高速访问，在访问网络银行等指定网页时使用 Trident 内核以实现良好兼容。

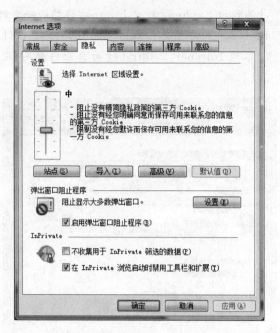

图 4-8 "隐私"选项卡

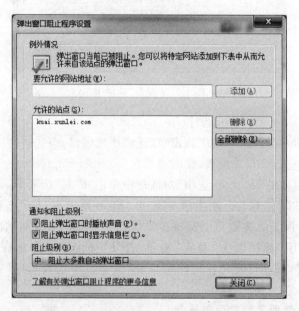

图 4-9 "弹出窗口阻止程序设置"对话框

1）设置和使用 Google Chrome

Google Chrome 又称谷歌浏览器，是一个由 Google（谷歌）公司开发的免费网页浏览器。Google Chrome 基于其他开放源代码软件所撰写，包括 WebKit 和 Mozilla，目标是提升稳定性、速度和安全性，并创造出简单且有效率的使用者界面。

安装并启动 Google Chrome。

在 Windows 系统中安装 Google Chrome 的方法非常简单，这里不作赘述。安装完成后,双击桌面上的 Google Chrome 图标,即可打开 Google Chrome,如图 4-10 所示。默认情况下,Google Chrome 启动后会打开 Google 搜索并显示最近经常访问的网页。如需要访问其他网页,只需在多功能框中输入相应的 URL 即可。

图 4-10　Google Chrome 运行界面

注意:Google Chrome 的地址栏被称为多功能框,其集成了搜索的功能,除输入 URL 外,用户可以在该框中输入搜索关键字,Google Chrome 会自动执行用户希望的操作。另外,Google Chrome 的多功能框还能自动填充内容并提供联想查询项。

2)访问历史记录

(1)访问刚刚访问过的网页

若想访问刚刚浏览过的网页时,可以使用多功能框左侧的"后退"按钮。如果要转到下一页,可以使用多功能框左侧的"前进"按钮。在浏览的过程中,由于线路有问题或有其他故障,传输过程被突然中断时,可以单击多功能框左侧的"重新加载"按钮,再次下载该网页。

(2)访问最近访问过的网页

单击多功能框右侧的"自定义及控制 Google Chrome"按钮,在弹出的菜单中单击"历史记录",此时 Google Chrome 将打开新的标签页以显示近期访问过的网页链接的列表,如图 4-11 所示,单击相应网页链接就可以浏览该网页。另外,单击多功能框右侧的"自定义及控制 Google Chrome"按钮,在弹出的菜单中选择"最近打开的标签页"命令,也可以看到最近访问过的网页链接。

注意:与 Internet Explorer 不同,很多系统清理工具无法清除 Google Chrome 的历史记录。若要删除 Google Chrome 历史记录,可在历史记录标签页中单击"清除浏览数据"按钮,在打开的"清除浏览数据"窗口中操作即可。

3)设置书签

对于用户需要经常访问的 Internet 站点,Google Chrome 提供了"书签"功能,用户可以

图 4-11　Google Chrome 历史记录标签页

为经常访问的网站添加书签。操作方法为：进入相应网站后，单击多功能框右侧的"自定义及控制 Google Chrome"按钮，在弹出的菜单中依次选择"书签"→"为此网页添加书签"命令，打开"已添加书签"窗口，如图 4-12 所示，单击"确定"按钮，完成设置。此时单击多功能框右侧的"自定义及控制 Google Chrome"按钮，在弹出的菜单中选择"书签"命令，可以看到添加的书签，单击相应书签即可访问相应网站。

用户可以在"已添加书签"窗口中单击"修改"按钮，在打开的"修改书签"窗口中对书签进行修改。也可以单击多功能框右侧的"自定义及控制 Google Chrome"按钮，在弹出的菜单中依次选择"书签"→"书签管理器"命令，此时 Google Chrome 将打开新的标签页以显示所有的书签，在该标签页中用户可以对相应的书签进行修改、复制、删除等操作。

图 4-12　"已添加书签"窗口

4）设置 Google Chrome

一般情况下，可以直接使用 Google Chrome 浏览相关信息，但是其默认配置并非适用于每一个用户，此时需要对 Google Chrome 进行设置。

（1）将 Google Chrome 设为默认浏览器

若用户在系统中安装了多种浏览器产品，需要将 Google Chrome 设为系统默认浏览器，此时则可单击多功能框右侧的"自定义及控制 Google Chrome"按钮，在弹出的菜单中选择"设置"命令，Google Chrome 将打开新的标签页以显示所有设置选项，如图 4-13 所示。在该标签页的"默认浏览器"选项中，单击"将 Google Chrome 浏览器设为默认浏览器"按钮即可完成设置。

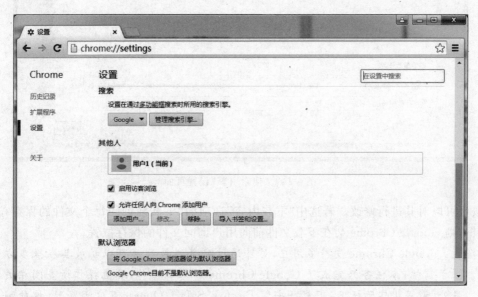

图 4-13　Google Chrome 设置标签页

（2）设置搜索引擎

Google Chrome 的多功能框集成了搜索的功能。默认情况下在多功能框输入搜索关键字后，Google Chrome 将使用 Google 搜索引擎进行搜索。若要使用其他搜索引擎，可在 Google Chrome 设置标签页的"搜索"选项中单击"管理搜索引擎"按钮，打开"搜索引擎"设置页面，如图 4-14 所示，在该窗口中可以对 Google Chrome 默认使用的搜索引擎进行添加和选择。

（3）设置启动页

默认情况下，Google Chrome 启动时将打开新标签页。若要使其在启动时打开特定网页，可在 Google Chrome 设置标签页的"启动时"选项中选中"打开特定网页或一组网页"单选按钮。单击"设置网页"链接，在打开的"启动页"中单击"使用当前页"按钮或输入相应 URL 即可。

（4）设置下载内容保存位置

默认情况下，Google Chrome 会将下载的文件保存到同一文件夹中，不会对用户进行询问。若要对下载内容的保存位置进行设置，可在 Google Chrome 设置标签页中单击"显示高级设置"，在"下载内容"选项的"下载内容保存位置"中可以看到默认的保存位置，单击"更

图 4-14 "搜索引擎"设置页面

改"按钮可以对其进行修改。若选中"下载内容"选项的"下载前询问每个文件的保存位置"复选框,则 Google Chrome 会在下载文件前向用户询问文件的保存位置。

注意:Google Chrome 支持多用户,另外通过安装扩展程序可以扩展其在很多方面的功能。限于篇幅,本任务只完成了 Google Chrome 的基本操作,其他操作请查阅相关技术资料。另外,请根据实际情况,下载并安装 Firefox、Safari、Opera、百度浏览器、搜狗浏览器等其他浏览器产品,熟悉其基本使用方法。

任务 4.2　信 息 检 索

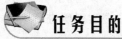

任务目的

(1) 了解网络信息资源的类型和特点;

(2) 理解搜索引擎的作用和分类;

(3) 熟悉常用搜索引擎的使用方法和技巧;

(4) 熟悉常用网络数据库的检索方法。

工作环境与条件

(1) 安装好 Windows 7 或其他 Windows 操作系统的计算机;

(2) 能够接入 Internet 的网络环境。

**相关知识**

随着 Internet 的迅速发展,Internet 上的信息资源以爆炸性的速度不断丰富和扩展,其信息数量之大、类型之多,已经为人们的工作、学习和生活方式带来了巨大影响。网络信息检索是指人们利用搜索引擎、网络机器人和门户站点等工具,在 Internet 发布的海量资源中快速有效地查找到想要得到的信息。

4.2.1　网络信息资源的类型和特点

1. 网络信息资源的类型

网络信息资源是可以在 Internet 上发布、查询与存取利用的信息资源的总和。按信息内容的表现形式和内容,网络信息资源可以划分为以下类型。

- 全文型信息:包括直接在网上发行的电子期刊、网上报纸、印刷型期刊的电子版、网络学院的各类教材、政府出版物、标准全文等。
- 事实型信息:包括天气预报、节目预告、火车车次、飞机航班、城市或景点介绍、工程实况等。
- 数值型信息:主要指各种统计数据。
- 数据库类信息:如 DIALOG、万方数据库等,是传统数据库(如光盘数据库)的网络化。
- 微信息:包括博客、播客、BBS、微博、微信、网络聊天、讨论组、网络新闻组等。
- 其他类型:包括投资行情和分析、图形图像、影视广告等。

2. 网络信息资源的特点

与传统信息资源相比,网络信息资源主要具有以下特点。

- 信息使用成本低:大部分网络信息资源可免费使用,低费用的网络信息资源有效地刺激了用户的信息需求。
- 信息共享程度高:网络信息资源的存储形式及其数据机构具有通用性、开放性和标准化的特点,在网络环境下,时间和空间范围得到了最大限度的延伸和扩展,用户同时可以共享同一份信息资源。
- 信息数量巨大而庞杂:由于政府、机构、企业、个人都可以在 Internet 上发布信息,因此形成了海量的、庞杂的信息源。
- 信息类型多、范围广:网络信息资源无所不包,类型丰富多样,覆盖不同学科、不同领域、不同地区、不同语言。
- 非线性:网络信息资源主要利用超文本进行链接,按知识单元及其关系建立起的立体网络结构,冲破了传统的知识线性组织的局限,通过各个知识点把整个网络上的相关知识链接起来,阅读信息时可以以跳跃的方式进行。
- 分布式、跨平台:网络信息资源存放在不同国家、不同地区的各种服务器上,各种信息数据库基于的操作系统、运行平台不同,形成了分布式、跨平台的特点。
- 信息动态性高:Internet 上的各种信息处于不断生产、更新、淘汰的状态,所连接的网络、网站、网页也都处在变化之中。任何网络信息资源都有在短时间内被建立、更新、更换地址或者删除的可能。

- 质量良莠不齐：网络上大部分信息资源不会像图书、期刊那样经过编辑和出版部门的审核，导致网络信息资源质量良莠不齐。
- 有序与无序并存：从某个网站或数据库的角度来看，网络信息资源是相对集中、有序和规范的；但从整个 Internet 来看，由于缺乏统一的管理和控制，网络信息资源是分散、无序、不规范的。这种局部有序总体无序的特点，凸显了网络信息组织与整合的重要性。

4.2.2 搜索引擎

1. 搜索引擎的作用

搜索引擎(Search Engine)是指根据一定的策略、运用特定的计算机程序从 Internet 上搜集信息，在对信息进行组织和处理后，为用户提供检索服务，将用户检索相关的信息展示给用户的系统。利用搜索引擎，用户就可以通过输入关键字或限制条件来查找和过滤所需的资料。

搜索引擎通常由存放信息的大型数据库、信息提取系统、信息管理系统、信息检索系统和用户检索界面组成。其中，信息提取系统的主要任务是在 Internet 上主动搜索 Web 服务器或新闻服务器上的各种信息，并自动制作索引并存储在大型数据库中；管理系统的任务是对信息进行分类处理，甚至通过专业人员对信息进行人工处理和审查，以保证信息的质量；信息检索系统的任务是将用户输入的检索词与存放在大型数据库系统中的信息进行匹配，多数情况下还需要根据内容对检索结果进行排序；用户检索界面的任务是通过网页接收用户的查询请求，用户输入查询内容后，网页上将显示出查询结果。

2. 搜索引擎的分类

根据工作方式的不同，搜索引擎通常可以分成全文搜索引擎和目录索引类搜索引擎两种类型。

(1) 全文搜索引擎

全文搜索引擎是名副其实的搜索引擎，它们从 Internet 提取各个网站的信息(以网页文字为主)，建立起数据库，并能检索与用户查询条件相匹配的记录，按一定的排列顺序返回结果。Google、百度都属于全文搜索引擎。

根据搜索结果来源的不同，全文搜索引擎可分为两类：一类拥有自己的网页抓取、索引、检索系统，有独立的程序，能自建网页数据库，搜索结果直接从自身数据库中调用，Google 和百度就属于此类；另一类则是租用其他搜索引擎的数据库，并按自定的格式排列搜索结果，如 Lycos 搜索引擎。

(2) 目录索引

目录索引虽然有搜索功能，但严格意义上不能称为真正的搜索引擎，只是按目录分类的网站链接列表而已。用户完全可以按照分类目录找到所需要的信息，不依靠关键词进行查询。如以关键词搜索，返回的结果跟搜索引擎一样，也是根据信息关联程度排列网站，不过其中人为因素要多一些。常用的 Yahoo、新浪、网易、搜狗等都属于目录索引。

目前，全文搜索引擎与目录索引已经不断的相互融合和渗透。原来一些纯粹的全文搜索引擎现在也提供目录搜索，如 Google 就借用 Open Directory 目录提供分类查询。而

Yahoo 等传统目录索引则通过与 Google 等全文搜索引擎合作扩大搜索范围。

注意：搜索引擎也可分为综合搜索引擎和垂直搜索引擎。垂直搜索引擎也称专业或专用搜索引擎，专门用来检索某一主题范围或某一类型信息。垂直搜索引擎的检出结果虽可能较综合搜索引擎少，但检出结果重复率低、相关性强，适合于满足较具体的、针对性强的检索要求。Google 学术搜索、去哪儿网、搜房网等都属于此类。

3. 搜索引擎优化

搜索引擎优化（Search Engine Optimization，SEO）是指从自然搜索结果获得网站流量的技术和过程，是在了解搜索引擎自然排名机制的基础上，对网站进行内部及外部的调整优化，改进网站在搜索引擎中的关键词自然排名，获得更多流量，从而达成网站销售及品牌建设的目标及用途。

根据使用的优化技术，SEO 可以分为白帽、黑帽和灰帽。

- SEO 白帽：符合主流搜索引擎发行方针规定的 SEO 方法。SEO 白帽主要通过正常手段对网站标题、网站结构、网站代码、网站信息、关键字密度等网站内部内容进行调整，以及对网站外部的链接进行建设，从而提高网站关键字在搜索引擎中的排名。SEO 白帽的生效时间较长，但效果稳定，不会因为 SEO 操作而降权。
- SEO 黑帽：所有使用作弊手段或可疑手段，不符合搜索引擎质量规范的优化手法都可以称为黑帽 SEO。常见的手法包括垃圾链接、刷 IP 流量、隐藏网页、关键词堆砌等。
- SEO 灰帽：是指介于 SEO 白帽与 SEO 黑帽之间的优化手法。对于 SEO 白帽而言，如果使用了一些取巧的手法，这些行为虽然不算违规，但同样也没有遵守规则，因此被认为处于灰色地带。

4.2.3　网络数据库

数据库是按一定的结构和规则组织起来的相关数据的集合。数据和资源共享结合在一起即成为目前广泛使用的网络数据库，它是以后台数据库为基础，加上一定的前台程序，通过浏览器完成数据存储、查询等操作的系统。通常所说的网络数据库是指存储在网络服务器上的文献型数据库，多由信息服务商或大型信息机构创建并维护。

网络数据库一般都会有良好的软硬件支撑，可提供稳定可靠的在线访问，收录的内容针对性强、质量高、检索方法多样，已经成为人们检索信息的主要工具。但每个网络数据库相对独立，只能检索本数据库限定的内容。目前国内利用网络数据库的方式主要有两种：一是利用 URL 直接检索网络数据库中的信息；二是通过镜像网站检索网络数据库中的信息。

网络数据库的应用范围广泛，在线图书馆、网上商城、在线影视等都是网络数据库的常见应用。通常所说的网络数据库主要指学术类网络数据库，常用的中文学术类网络数据库主要有以下几种。

1. 中国知网（CNKI）

CNKI（China National Knowledge Infrastructure，中国知识基础设施工程）是以实现全社会知识资源传播共享与增值利用为目标的信息化建设项目，由清华大学、清华同方发起，始建于 1999 年 6 月。CNKI 工程集团经过多年努力，采用自主开发并具有国际领先水平的数字图书馆技术，建成了世界上全文信息量规模最大的"CNKI 数字图书馆"，并正式启动建设《中国知识资源总库》及 CNKI 资源共享平台。中国知网(http://www.cnki.net/)由中国学术期刊(光盘版)电子杂志社、同方知网(北京)技术有限公司主办,是基于《中国知识资源总库》的全球最大的中文知识门户网站,具有知识的整合、集散、出版和传播功能。CNKI亦可解读为中国知网的英文简称。

2. 万方数据知识服务平台

万方数据知识服务平台(http://www.wanfangdata.com.cn/)是万方数据股份有限公司在中国科技信息研究所数十年积累的全部信息服务资源的基础上建立起来的,是以科技信息为主,集经济、金融、社会、人文信息为一体,实现网络化服务的信息资源系统。

3. 维普网

维普网(http://www.cqvip.com/)由重庆维普资讯有限公司建立,是 Google Scholar最大的中文内容合作网站。其所依赖的《中文科技期刊数据库》,是中国最大的数字期刊数据库,该数据库自推出就受到国内图书情报界的广泛关注和普遍赞誉,是我国网络数字图书馆建设的核心资源之一,被我国高等院校、公共图书馆、科研机构所广泛采用,是高校图书馆文献保障系统的重要组成部分,也是科研工作者进行科技查证和科技查新的必备数据库。

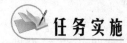 **任务实施**

操作 1　使用搜索引擎

目前常用的全文搜索引擎除可以提供基本的网页搜索外,还可以提供新闻、图片、音乐、视频等的搜索功能。下面以百度为例,完成相关的搜索任务。

1) 简单搜索

通过关键字搜索是用户常用的搜索方式,所有的搜索引擎都支持关键字搜索。关键字应尽量是一个名词、短语或者短句,其描述越具体越好,否则搜索引擎会反馈大量无关的信息。如果要使用百度搜索关于"青岛天气"的网页信息,则操作步骤如下。

(1) 打开浏览器,在地址栏中输入 http://www.baidu.com/,打开百度搜索首页。

(2) 在百度搜索首页的文本框中输入关键词"青岛天气",单击"百度一下"按钮,打开"青岛天气"的搜索结果页,如图 4-15 所示。

注意:在搜索页中主要包含以下部分。

- 搜索结果标题:单击搜索结果标题,可以直接打开该搜索结果网页。

- 搜索结果摘要:通过摘要,可以判断该搜索结果是否满足需要。

- 百度快照:快照是相关网页在百度的备份,如果原网页不能打开或访问速度慢,可以查看快照浏览页面内容。

- 为您推荐:按照搜索热门程度,列出其他相关的搜索关键词。如果搜索效果不佳,可参考这些相关搜索。

2) 高级语法搜索

为了更精确地获取搜索目标,百度及其他搜索引擎都支持一些高级语法搜索。

(1) 使用双引号和书名号

如果输入的关键字很长,百度在经过分析后,给出的搜索结果中的关键字可能是拆分的。如果对这种情况不满意,可以给关键字加上双引号,就可以得到符合要求的结果。

图 4-15 搜索结果页

书名号是百度独有的一个特殊查询语法。在其他搜索引擎中,书名号会被忽略,而在百度,中文书名号是可被查询的。加上书名号的关键字,有两层特殊功能,一是书名号会出现在搜索结果中;二是被书名号中的内容,不会被拆分。

（2）使用"＋"和"－"

可以利用"＋"和"－"来缩小搜索范围。使用"＋"可以限定搜索结果中必须包含的特定关键字,如输入"手机＋游戏",则搜索的结果中除包含"手机"关键字外,还必须包含"游戏"这一关键字。

如果发现搜索结果中有某一类网页是不希望看见的,而且这些网页都包含特定的关键字,那么使用"－"就可以去除所有这些含有特定关键字的网页。例如,在搜索关键字"天龙八部"时,会出现很多关于电视剧方面的网页,如果不希望看到这些页面,可以在搜索时输入"天龙八部－电视剧"。

注意：在使用"＋"和"－"时,前一个关键字和"＋"和"－"之间必须有空格。

（3）使用元词检索

大多数搜索引擎都支持元词功能,用户可以使用元词检索确定搜索引擎要检索的内容应具有哪些特征。

- 把搜索范围限定在网页标题中：网页标题通常是对网页内容的归纳,把查询内容范围限定在网页标题中,有时可以获得良好的效果。操作方法为在百度搜索页的文本框中输入"intitle:搜索关键字"。例如,如果要查找标题中带有关键字"奥运会"的网页,在百度搜索页的文本框中输入"intitle:奥运会"即可。
- 把搜索范围限定在 URL 链接中：网页 URL 中的某些信息常常带有特定的含义,如果对搜索结果的 URL 做某种限定,有时可以获得良好的效果。操作方法为在百度搜索页的文本框中输入"inurl:搜索关键字"。例如,如果要找关于 Photoshop 的使用技巧,可以在百度搜索页的文本框中输入"Photoshop inurl:技巧",该搜索中的"Photoshop"可以出现在网页的任何位置,而"技巧"则必须出现在网页的 URL 链接中。

- 把搜索范围限定在特定站点中：如果知道某个站点中有需要找的东西，就可以把搜索范围限定在这个站点中，以提高搜索效率。操作方法为在百度搜索页的文本框中输入"site：站点域名"。例如，如果要在腾讯网站上查看有关 QQ 的信息，可以在百度搜索页的文本框中输入"QQ site：QQ. com"。
- 把搜索范围限定在特定类型文档中：Internet 中很多有价值的资料，会以 Word、Excel、PDF 等特定文档类型存在。要搜索特定类型文档，操作方法为在百度搜索页的文本框中输入"filetype：文档类型"，文档类型可以是 pdf、doc、xls、ppt、rtf、all（所有文档类型）等。例如，如果要查找有关网络技术的演示文稿，可以在百度搜索页的文本框中输入"网络技术 filetype：ppt"。

3）使用高级搜索功能

百度提供的高级搜索功能集成了高级语法搜索，用户可以直接在浏览器地址栏中输入"http：//www. baidu. com/gaoji/advanced. html"，打开百度高级搜索页面，如图 4-16 所示。在该页面中用户只需要选择和填写相应选项即可完成复杂的语法搜索。

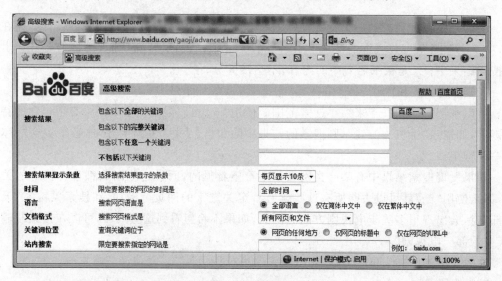

图 4-16　百度高级搜索页面

除直接使用百度高级搜索页面外，也可以在如图 4-15 所示的百度搜索结果页中单击"百度一下"按钮下方的"搜索工具"，利用该搜索工具可以对搜索结果的时间、文档类型和站点范围进行设定，如图 4-17 所示。

注意：以上主要利用百度搜索进行了相关网页的基本搜索和高级搜索。百度搜索除了基本的网页搜索功能外，还提供很多其他的功能，如音乐、视频、地图、贴吧、文库等。另外，搜狗、360 搜索等也是国内常用的搜索引擎。可以利用 Internet 了解百度搜索的其他功能以及其他常用搜索引擎的使用方法。

操作 2　检索网络数据库

CNKI 出版了中国期刊全文数据库、中国优秀硕士学位论文全文数据库、中国优秀博士学位论文全文数据库、中国重要报纸全文数据库、中国基础教育知识库等数据库产品。在浏览器地址栏中输入 http：//www. cnki. net/ 可以打开 CNKI 主页面，如图 4-18 所示。下面以

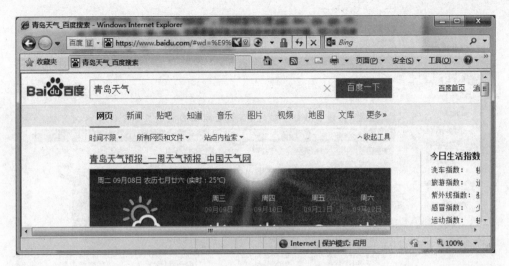

图 4-17　使用搜索工具

CNKI 为例,完成相关的检索任务。

图 4-18　CNKI 主页面

1) 导航检索

CNKI 提供了特色导航的功能,通过导航检索可以从不同的角度和途径检索出数据库中的相关内容,以提供浏览和下载。如要在 CNKI 中检索互联网技术方面的期刊,则可以使用的操作方法如下。

(1) 在 CNKI 主页面左侧的"特色导航"中单击"期刊大全"链接,打开"期刊导航"页面,如图 4-19 所示。

95

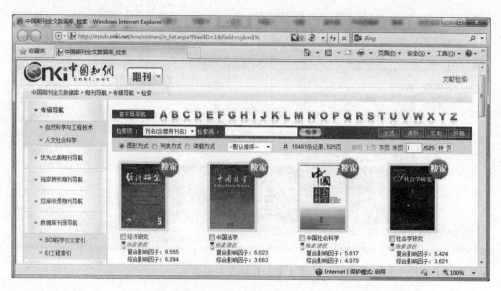

图 4-19 "期刊导航"页面

(2) 在"期刊导航"页面左侧的"专辑导航"中单击"自然科学与工程技术"链接,此时页面右侧会显示"自然科学与工程技术"专辑导航,如图 4-20 所示。

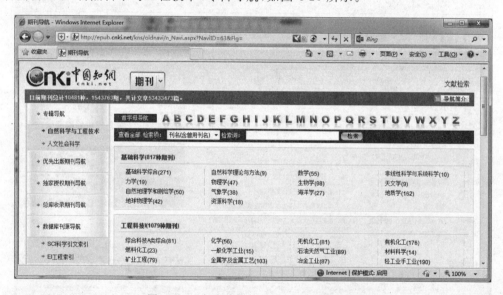

图 4-20 "自然科学与工程技术"专辑导航

(3) 在"自然科学与工程技术"专辑导航中,单击"信息科技"下的"互联网技术"链接,此时会显示 CNKI 中收录的互联网技术方面的期刊。

2) 初级检索

CNKI 的初级检索是一种简单检索,用户只需在 CNKI 主页面中选择检索项(主题、关键词、摘要等),输入检索词,单击"检索"按钮,系统将在检索项内进行检索,任一项中与检索条件匹配者均为命中记录。初级检索能进行快速方便的查询,适用于不熟悉多条件组合查询或 SQL 语句查询的用户,它为用户提供了详细的导航,最大范围的选择空间。对于一些简单查询,建议使用该种检索,其特点是方便快捷,效率高,但查询结果有很大的冗余。如果在检索结果中进行二次检索或配合高级检索则可以大大提升查询效果。

若要在 CNKI 中查询所有篇名中包含"Internet 安全"的文献,则可在 CNKI 主页面"检索"按钮左侧的"检索项"下拉列表中选择"篇名",在"检索词"文本框中输入"Internet 安全",单击"检索"按钮,此时可看到篇名中包含"Internet 安全"的文献列表,如图 4-21 所示。由图可知,CNKI 为检索结果提供了学科、发表年度、基金等分类导航,并提供排序功能,以提高检索效率。

图 4-21 初级检索

3）高级检索

CNKI 的高级检索提供了检索项之间的逻辑关系控制,能进行快速有效的组合查询,用户可以通过添加检索词、相关度排序、时间控制、词频控制、精确/模糊匹配等多种逻辑关系进行多种检索控制,以提高查准率。对于命中率要求较高的查询,建议使用该检索。

若要在 CNKI 中查询篇名中包含"网络"和"安全",发表时间为"2011 年至 2015 年",作者单位为"清华大学"的所有文献,则可在 CNKI 主页面中单击"检索"按钮右侧的"高级检索"链接,打开高级检索页面,如图 4-22 所示。在"输入内容检索条件"的"检索项"中选择"篇名",在"检索词"文本框中分别输入"网络"和"安全",选择检索词之间关系为"并含",匹配方式为"精确";在"输入检索控制条件"的"发表时间"中输入从 2011 到 2015,在"作者单位"文本框中输入"清华大学",匹配方式为"精确"。设置完毕后单击"检索"按钮,即可获得相应的查询结果。

4）专业检索

CNKI 的专业检索比高级检索功能更强大,专业检索需要检索人员根据系统的检索语法编制检索表达式并直接在检索文本框输入,适用于熟练掌握检索技术的专业检索人员。

若要在 CNKI 中利用专业检索查询钱伟长在清华大学或上海大学时发表的文章,则可在图 4-22 所示的页面中单击"专业检索"链接,打开专业检索页面,如图 4-23 所示。在该页面的检索文本框中输入"AU＝钱伟长 and（AF＝清华大学 or AF＝上海大学）",单击"检索

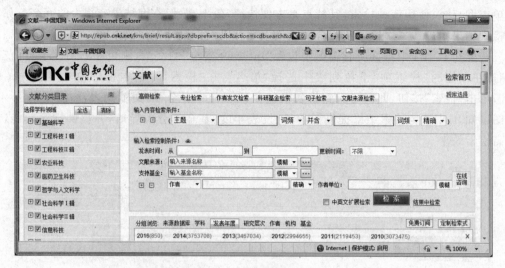

图 4-22 高级检索页面

文献"按钮,即可获得相应查询结果。CNKI检索表达式的具体语法可以单击专业检索页面的"检索表达式语法"链接进行查询。

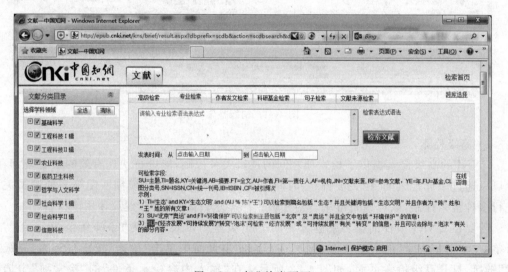

图 4-23 专业检索页面

注意:以上主要介绍了访问 CNKI 时使用的常用检索方法,其他检索方法请参考网站上提供的帮助信息。另外,请利用 Internet 访问其他常用网络数据库,了解其所提供的检索方法。

习　题　4

1. 什么是 URL?
2. 简述浏览器的作用。
3. 简述网络信息资源的特点。

4．什么是搜索引擎？

5．浏览器的使用。

内容及操作要求：根据使用习惯选择并安装两款浏览器产品，分别利用这两款浏览器完成以下操作：

- 设置浏览器启动时自动访问百度的首页；
- 保存经常访问的大型综合网站首页的 URL（如新浪、搜狐等），方便今后的访问；
- 删除浏览器最近的访问记录及相关临时文件；
- 选择 2～3 个自己喜欢的新闻或文章的页面，将其完整保存到本地计算机中。

准备工作：安装 Windows 7 或以上版本操作系统的计算机；能够接入 Internet 的网络环境。

考核时限：25min。

6．搜索引擎的使用。

内容及操作要求：利用百度搜索或其他搜索引擎完成以下操作：

- 搜索标题中带有"世界杯"的网页；
- 搜索新浪网站中关于"奥运会"的网页；
- 搜索最近一个月内与"恒大"相关，但与"足球"无关的网页；
- 搜索"青岛崂山"的旅游信息以及从"青岛火车站"到"青岛崂山"的公交线路。

准备工作：安装 Windows 7 或以上版本操作系统的计算机；能够接入 Internet 的网络环境。

考核时限：20min。

模块 5 文件的传输与共享

组建计算机网络的主要目的是实现网络资源的共享。在网络中,除了可以通过网站和浏览器实现服务器与客户机之间的文件传输与共享外,还可以有很多方式。本模块的主要目标是熟悉在 Windows 网络中设置文件与打印机共享的基本方法,熟悉利用 FTP 服务器实现文件共享的方法,掌握网络中常用文件传输工具的使用方法。

任务 5.1 设置文件与打印机共享

 **任务目的**

(1) 理解 Windows 工作组网络的结构和特点;
(2) 熟悉本地用户账户的设置方法;
(3) 熟悉共享文件夹的创建和访问方法;
(4) 了解共享打印机的设置方法。

 工作环境与条件

(1) 安装好 Windows 7 或其他 Windows 操作系统的计算机;
(2) 能够正常运行的网络环境;
(3) 打印机及相关配件。

 **相关知识**

5.1.1 工作组网络

Windows 操作系统支持两种网络管理模式。

- 工作组:分布式的管理模式,适用于小型的网络;
- 域:集中式的管理模式,适用于较大型的网络。

工作组是由一群用网络连接在一起的计算机组成,如图 5-1 所示。在工作组网络中,每台计算机的地位平等,各自管理着自己的资源。工作组结构的网络具备以下特性。

- 网络上的每台计算机都有自己的本地安全数据库,称为"SAM(Security Accounts Manager,安全账户管理器)数据库"。如果用户要访问每台计算机的资源,那么必须在每台计算机的 SAM 数据库内创建该用户的账户,并获取相应的权限。
- 工作组内不一定要有服务器级的计算机,也就是说所有计算机都安装 Windows 7 系

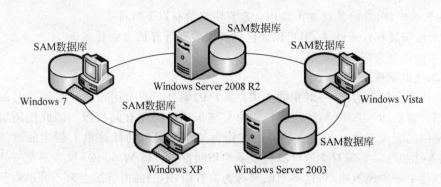

图 5-1　工作组结构的网络

统,也可以构建一个工作组结构的网络。

- 在工作组网络中,每台计算机都可以方便地将自己的本地资源共享给他人使用。工作组网络中的资源管理是分散的,通常可以通过启用目的计算机上的 Guest 账户或为使用资源的用户创建一个专用账户的方式来实现对资源的管理。
- 如果企业内计算机数量不多(如 10～20 台),可以采用工作组结构的网络。

5.1.2　本地用户账户和组

1. 本地用户账户

用户账户定义了用户可以在 Windows 中执行的操作。在独立计算机或作为工作组成员的计算机上,用户账户存储在本地计算机的 SAM 中,这种用户账户称为本地用户账户。本地用户账户只能登录到本地计算机。

作为工作组成员的计算机或独立计算机上有两种类型的可用用户账户:计算机管理员账户和受限制账户,在计算机上没有账户的用户可以使用来宾账户。

(1)计算机管理员账户

计算机管理员账户是专门为可以对计算机进行全系统更改、安装程序和访问计算机上所有文件的用户而设置的。在系统安装期间将自动创建名为 Administrator 的计算机管理员账户。计算机管理员账户具有以下特征。

- 可以创建和删除计算机上的用户账户。
- 可以更改其他用户账户的账户名、密码和账户类型。
- 无法将自己的账户类型更改为受限制账户类型,除非在该计算机上有其他的计算机管理员账户,这样可以确保计算机上总是至少有一个计算机管理员账户。

(2)受限制账户

如果需要禁止某些用户更改大多数计算机设置和删除重要文件,则需要为其设置受限制账户。受限制账户具有以下特征。

- 无法安装软件或硬件,但可以访问已经安装在计算机上的程序。
- 可以创建、更改或删除本账户的密码。
- 无法更改其账户名或者账户类型。
- 对于使用受限制账户的用户,某些程序可能无法正常工作。

(3)来宾账户

来宾账户供那些在计算机上没有用户账户的用户使用。系统安装时会自动创建名为

Guest 的来宾账户,并将其设置为禁用。来宾账户具有以下特征。

- 无法安装软件或硬件,但可以访问已经安装在计算机上的程序。
- 无法更改来宾账户类型。

2. 本地组账户

组账户通常简称为组,一般指同类用户账户的集合。一个用户账户可以同时加入多个组。当用户账户加入到一个组以后,该用户会继承该组所拥有的权限。因此使用组账户可以简化网络的管理工作。在独立计算机或作为工作组成员的计算机上创建的组都是本地组,使用本地组可以实现对本地计算机资源的访问控制。在 Windows 操作系统安装过程中会自动创建一些本地组账户,这些组账户称为内置组,不同的内置组会有不同的默认访问权限。表 5-1 列出了 Windows 7 操作系统的部分内置组。

表 5-1   Windows 7 操作系统的部分内置组

组 名	描 述 信 息
Administrators	具有完全控制权限,并且可以向其他用户分配用户权利和访问控制权限
Backup Operators	加入该组的成员可以备份和还原服务器上的所有文件
Guests	拥有一个在登录时创建的临时配置文件,在注销时该配置文件将被删除
Network Configuration Operators	可以执行常规的网络配置功能,如更改 TCP/IP 设置等,但不可以更改驱动程序和服务,不可以配置网络服务器
Performance Monitor Users	可以监视本地计算机的运行功能
Power Users	包括高级用户以向下兼容,高级用户拥有有限的管理权限
Remote Desktop Users	可以从远程计算机使用远程桌面连接来登录
Users	可以执行常见任务,如运行应用程序、使用本地和网络打印机以及锁定服务器等,不能共享目录或创建本地打印机

5.1.3   共享文件夹

共享资源是指可以由其他设备或程序使用的任何设备、数据或程序。对于 Windows 操作系统,共享资源指所有可用于用户通过网络访问的资源,包括文件夹、文件、打印机、命名管道等。文件共享是一个典型的客户机/服务器工作模式,Windows 操作系统在实现文件共享之前,必须在网络连接属性中添加网络组件“Microsoft 网络的文件和打印共享”以及“Microsoft 网络客户端”,其中网络组件“Microsoft 网络的文件和打印共享”提供服务器功能,“Microsoft 网络客户端”提供客户机功能。

当用户将计算机内的文件夹设为“共享文件夹”后,拥有适当共享权限的用户就可以通过网络访问该文件夹内的文件、子文件夹等数据。表 5-2 列出共享权限的类型与其所具备的访问能力,系统默认设置为所有用户具有“读取”权限。

表 5-2   共享权限的类型与其所具备的访问能力

共 享 权 限	具备的访问能力
读取(默认权限,被分配给 Everyone 组)	- 查看该共享文件夹内的文件名称、子文件夹名称 - 查看文件内的数据,运行程序 - 遍历子文件夹

续表

共 享 权 限	具备的访问能力
更改(包括读取权限)	• 向该共享文件夹内添加文件、子文件夹 • 修改文件内的数据 • 删除文件与子文件夹
完全控制(包括更改权限)	• 修改权限(只适用于 NTFS 卷的文件或文件夹) • 取得所有权(只适用于 NTFS 卷的文件或文件夹)

注意：共享文件夹权限仅对通过网络访问的用户有约束力。如果用户是从本地登录，则不会受该权限的约束。

如果用户同时属于多个组，而每个组分别对某个共享资源拥有不同的权限，此时用户的有效权限将遵循以下规则。

- 权限具有累加性：用户对共享文件夹的有效权限是其所有共享权限来源的总和。
- "拒绝"权限会覆盖其他权限：虽然用户对某个共享文件夹的有效权限是其所有权限来源的总和，但是只要有一个权限被设为拒绝访问，则用户最后的权限将是"拒绝访问"。

5.1.4　共享打印机

共享打印机是将打印机用 LPT 并行口或 USB 等端口连接到计算机上，在该计算机上安装本地打印机的驱动程序、打印服务程序或打印共享程序，使之成为打印服务器；网络中的其他计算机通过添加"网络打印机"实现对共享打印机的访问。共享打印机的拓扑结构如图 5-2 所示。

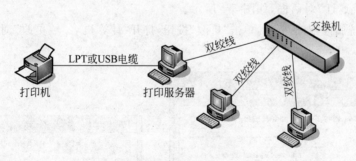

图 5-2　共享打印机的拓扑结构

共享打印机的优点是连接简单，操作方便，成本低廉；其缺点是对于充当打印服务器的计算机要求较高，无法满足高效打印的需求，因此一旦网络打印任务集中，就会造成打印服务器性能下降，打印的速度和质量也受到影响。

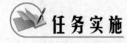任务实施

操作 1　设置工作组网络

1) 将计算机加入到工作组

要组建工作组网络，只要将网络中的计算机加入到工作组即可，同一工作组的计算机应

当具有相同的工作组名。在 Windows 7 系统中,将计算机加入到工作组的操作步骤如下。

(1) 右击桌面上的"计算机"图标,在弹出的菜单中选择"属性"命令,打开"查看有关计算机的基本信息"窗口,如图 5-3 所示。

图 5-3 "查看有关计算机的基本信息"窗口

(2) 在"查看有关计算机的基本信息"窗口的"计算机名称、域和工作组设置"中可以看到当前计算机的计算机名和所属的工作组。若要更改相关设置,可单击右侧的"更改设置"链接,打开"系统属性"对话框,如图 5-4 所示。

(3) 在"系统属性"对话框中,单击"更改"按钮,打开"计算机名/域更改"对话框,如图 5-5 所示。

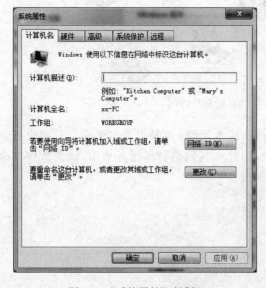

图 5-4 "系统属性"对话框

图 5-5 "计算机名/域更改"对话框

（4）在"计算机名/域更改"对话框中，输入相应的计算机名和工作组名，单击"确定"按钮，按提示信息重新启动计算机后完成设置。

2. 设置本地用户账户

（1）创建本地用户账户

创建本地用户账户的操作步骤如下。

① 右击桌面上的"计算机"图标，在弹出的菜单中选择"管理"命令，打开"计算机管理"窗口，如图 5-6 所示。

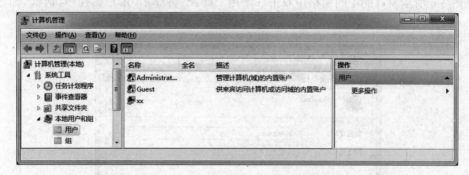

图 5-6　"计算机管理"窗口

② 在"计算机管理"窗口的左侧窗格依次选择"本地用户和组"→"用户"，右击鼠标，在弹出的菜单中选择"新用户"命令，打开"新用户"对话框，如图 5-7 所示。

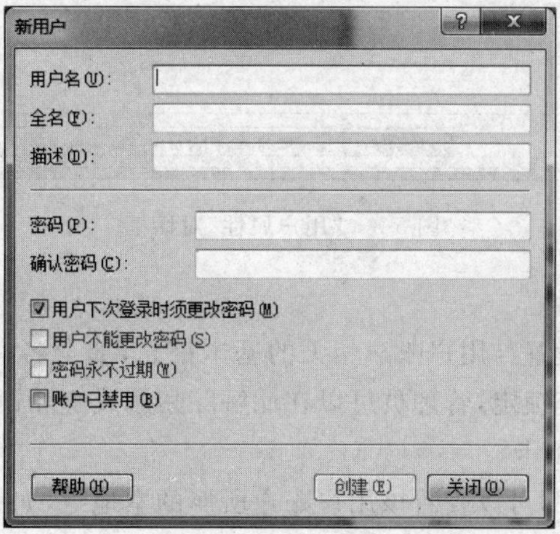

图 5-7　"新用户"对话框

③ 在"新用户"对话框中输入用户名称、描述、密码等相关信息，密码相关选项的描述如表 5-3 所示。单击"创建"按钮，即可完成对本地用户账户的创建。

表 5-3　密码相关选项描述

选　项	描　述
用户下次登录时需更改密码	要求用户下次登录计算机时必须修改该密码
用户不能更改密码	不允许用户修改密码，通常用于多个用户共同使用一个用户账户的情况，如 Guest 账户

续表

选　　项	描　　述
密码永不过期	密码永久有效,通常用于系统的服务账户或应用程序所使用的用户账户
账户已禁用	禁用用户账户

　　(2) 设置用户账户的属性

　　在图 5-6 所示窗口的中间窗格中双击一个用户账户,将显示"用户属性"对话框,如图 5-8 所示。

图 5-8　"用户属性"对话框

　　① 设置"常规"选项卡。

　　在该选项卡中可以设置与用户账户相关的基本信息,如全名、描述、密码选项等。 如果用户账户被禁用或被系统锁定,管理员可以在此解除禁用或解除锁定。

　　② 设置"隶属于"选项卡。

　　在"隶属于"选项卡中,可以查看该用户账户所属的本地组,如图 5-9 所示。 对于新增的用户账户,在默认情况下将加入到 Users 组中。 如果要使用户具有其他组的权限,可以将其加到相应的组中。 例如,若要使用户 zhangsan 具有管理员的权限,可将其加入本地组 Administrators。 操作步骤为:单击"隶属于"选项卡的添加按钮,打开"选择组"对话框,在"输入对象名称来选择"文本框中输入组的名称 Administrators。 如需要检查输入的名称是否正确,可单击"检查名称"按钮。 如果不希望手动输入组名称,可单击"高级"按钮,再单击"立即查找"按钮,在"搜索结果"列表中选择相应的组即可。

　　(3) 删除和重命名用户账户

　　当用户不需要使用某个用户账户时,可以将其删除,删除账户会导致所有与其相关信息的丢失。 要删除某用户账户,只需在图 5-6 所示窗口的中间窗格中右击该用户账户,在弹出

图 5-9　"隶属于"选项卡

的菜单中选择"删除"命令。此时会弹出如图 5-10 所示的警告框,单击"是"按钮,删除用户账户。

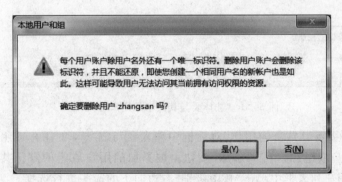

图 5-10　删除用户账户时的警告框

注意:由于每个用户账户都有唯一标识符 SID 号,SID 号在新增账户时由系统自动产生,不同账户的 SID 不会相同。而系统在设置用户权限和资源访问能力时,是以 SID 为标识的,因此一旦用户账户被删除,这些信息也将随之消失,即使重新创建一个相同名称的用户账户,也不能获得原账户的权限。

如果要重命名用户账户,则只需在图 5-6 所示窗口的中间窗格中,右击该用户账户,在弹出的菜单中选择"重命名"命令,输入新的用户名即可,该用户已有的权限不变。

(4) 重设用户账户密码

如果管理员用户要对系统的用户账户重新设置密码,只需在图 5-6 所示窗口的中间窗格中右击该用户账户,在弹出的菜单中选择"设置密码"命令,输入新设定的密码即可,此时无须输入旧密码。

如果其他本地用户要更改本账户的密码,可在登录后按 Ctrl＋Alt＋Del 组合键,在出现的画面中单击"更改密码"链接,此时必须先输入正确的旧密码后才可以设置新密码。

操作 2　设置共享文件夹

1) 新建共享文件夹

在 Windows 系统中,隶属于 Administrators 组的用户具有将文件夹设置为共享文件夹的权限。新建共享文件夹的基本操作步骤如下。

(1) 在"计算机"窗口中选中要共享的文件夹,右击鼠标,在弹出的菜单中选择"共享"→"特定用户"命令,打开"选择要与其共享的用户"对话框,如图 5-11 所示。

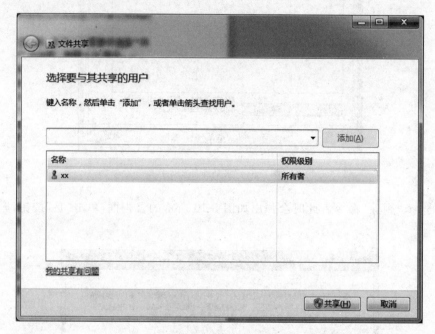

图 5-11　"选择要与其共享的用户"对话框

(2) 在"选择要与其共享的用户"对话框中输入要与之共享的用户或组名(也可单击向下箭头来选择用户或组)后单击"添加"按钮。被添加的用户或组的默认共享权限为读取。若要更改,可在用户列表框中单击"权限级别"右边向下的箭头进行选择。

(3) 设置完成后,单击"共享"按钮,当出现"您的文件夹已共享"对话框时,单击"完成"按钮,完成共享文件夹的创建。

2) 停止共享

如果要停止文件夹共享,可在"计算机"窗口中选中相应的共享文件夹,右击鼠标,在弹出的菜单中选择"共享"→"不共享"命令,在打开的对话框中选择"停止共享"即可。

3) 更改共享权限

如果要更改共享文件夹的共享权限,操作方法如下。

(1) 在"计算机"窗口中选中相应的共享文件夹,右击鼠标,在弹出的菜单中选择"属性"命令,在打开的"属性"对话框中单击"共享"选项卡,如图 5-12 所示。

(2) 在"共享"选项卡中单击"高级共享"命令,打开"高级共享"对话框。

(3) 在"高级共享"对话框中单击"权限"按钮,打开共享权限对话框,如图 5-13 所示。可以在该对话框中通过单击"添加"和"删除"按钮增加或减少用户或组,选中某账户后即可为其更改共享权限。

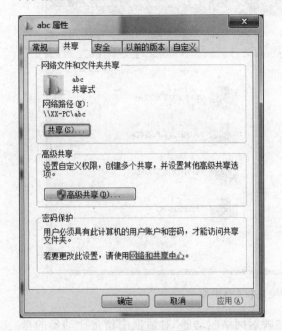

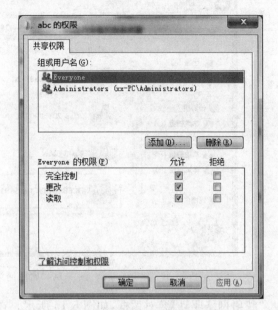

图 5-12 "共享"选项卡   图 5-13 "共享权限"对话框

4）更改共享名

每个共享文件夹都有一个共享名,共享名默认为文件夹名,网络上的用户通过共享名来访问共享文件夹内的文件。可在共享文件夹的"高级共享"对话框中更改共享名或添加多个共享名,不同的共享名可设置不同的共享权限。

5）访问共享文件夹

客户端用户可利用以下方式访问共享文件夹。

（1）利用网络发现来连接网络计算机

在"计算机"窗口中单击左侧窗格的"网络"链接,在打开的"网络"窗口中可以看到网络上的计算机,如图 5-14 所示。选择相应的计算机（可能需要输入有效的用户名和密码）即可对其共享文件夹进行访问。

（2）利用 UNC 直接访问

如果已知发布共享文件夹的计算机及其共享名,则可利用该共享文件夹的 UNC 直接访问。UNC（Universal Naming Convention,通用命名标准）的定义格式为"\\计算机名称\共享名"。具体操作方法如下。

① 在"开始"菜单的"搜索程序和文件"对话框中输入要访问的共享文件夹的 UNC"\\计算机名称\共享名",单击"确定"按钮,即可访问相应的共享资源。

② 在浏览器或"计算机"窗口的地址栏中输入要访问的共享文件夹的 UNC"\\计算机名称\共享名",也可完成相应资源的访问。

（3）映射网络驱动器

为了使用上的方便,可以将网络驱动器盘符映射到共享文件夹上,具体方法为：在客户端"计算机"窗口中按下 Alt 键,在菜单栏中依次选择"工具"→"映射网络驱动器"命令,打开

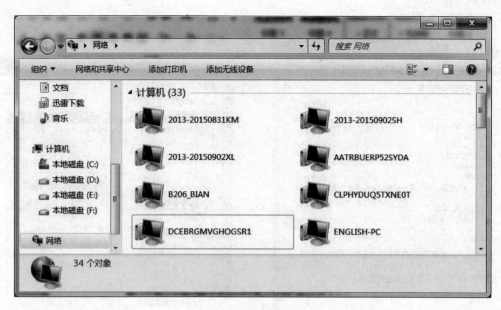

图 5-14　启用网络发现和文件共享

"映射网络驱动器"对话框,如图 5-15 所示。在"映射网络驱动器"对话框中指定驱动器的盘符及其对应的共享文件夹 UNC 路径(也可单击"浏览"按钮,在"浏览文件夹"对话框中进行选择),单击"完成"按钮完成设置。设置完成后,就可以在"计算机"窗口中通过该驱动器号来访问共享文件夹内的文件了。

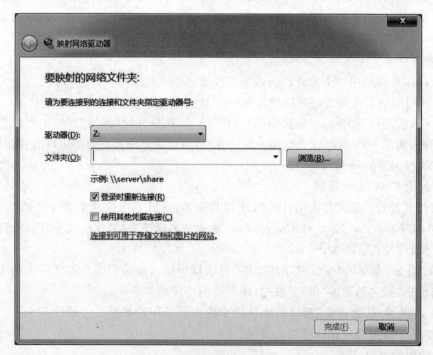

图 5-15　"映射网络驱动器"对话框

操作 3　设置共享打印机

不同的打印服务与管理系统有不同的设置方式,下面主要在 Windows 工作组网络中完成共享打印机的设置。

1) 打印机的物理连接

在 Windows 工作组网络中共享打印机网络的连接请参考图 5-2 所示的拓扑结构。在设置共享打印机之前,必须保证打印服务器与打印机之间以及整个网络的正确连接和互访,必须保证与共享打印机相关的网络组件和服务的安装和启动。

2) 安装和共享本地打印机

本地打印机就是直接与计算机连接的打印机。打印机除了与计算机进行硬件连接外,还需要进行软件安装,只有这样打印机才能使用。本地打印机安装也就是在本地计算机上安装打印机软件,实现本地计算机对本地打印的管理,这是实现网络打印的前提。安装和共享本地打印机的基本操作步骤如下。

(1) 依次选择"开始"→"设备和打印机"命令,打开"设备和打印机"窗口。

(2) 在"设备和打印机"窗口中单击"添加打印机"按钮,打开"要安装什么类型的打印机"对话框,如图 5-16 所示。

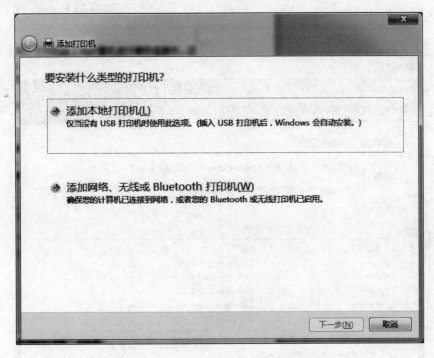

图 5-16　"要安装什么类型的打印机"对话框

(3) 在"要安装什么类型的打印机"对话框中,单击"添加本地打印机"按钮,打开"选择打印机端口"对话框,如图 5-17 所示。

(4) 在"选择打印机端口"对话框中选择打印机所连接的端口,如果要使用计算机原有的端口,可以选择"使用现有的端口"单选框,一般情况下,使用并行电缆的打印机都安装在计算机的 LTP1 打印机端口上。单击"下一步"按钮,打开"安装打印机驱动程序"对话框,如图 5-18 所示。

111

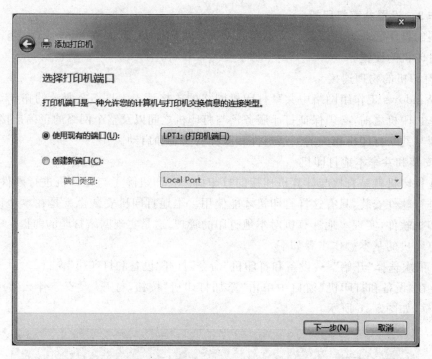

图 5-17 "选择打印机端口"对话框

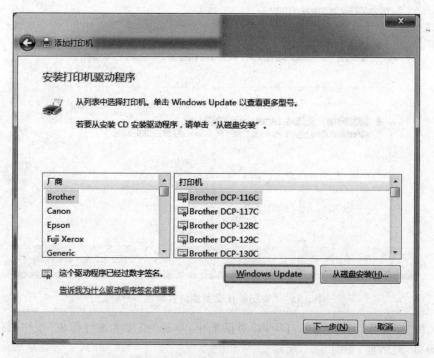

图 5-18 "安装打印机驱动程序"对话框

（5）在"安装打印机驱动程序"对话框中选择打印机的生产厂商和型号，也可选择"从磁盘安装"。单击"下一步"按钮，打开"键入打印机名称"对话框，如图 5-19 所示。

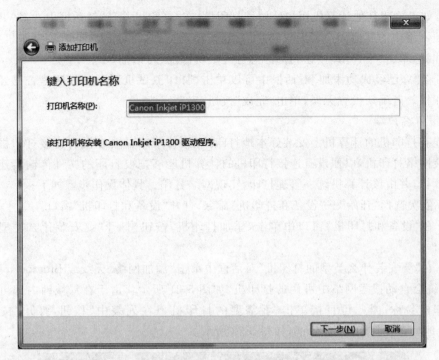

图 5-19　"键入打印机名称"对话框

（6）在"键入打印机名称"对话框中为打印机输入名称。单击"下一步"按钮，系统将开始安装打印机，安装完毕后会打开"打印机共享"对话框，如图 5-20 所示。

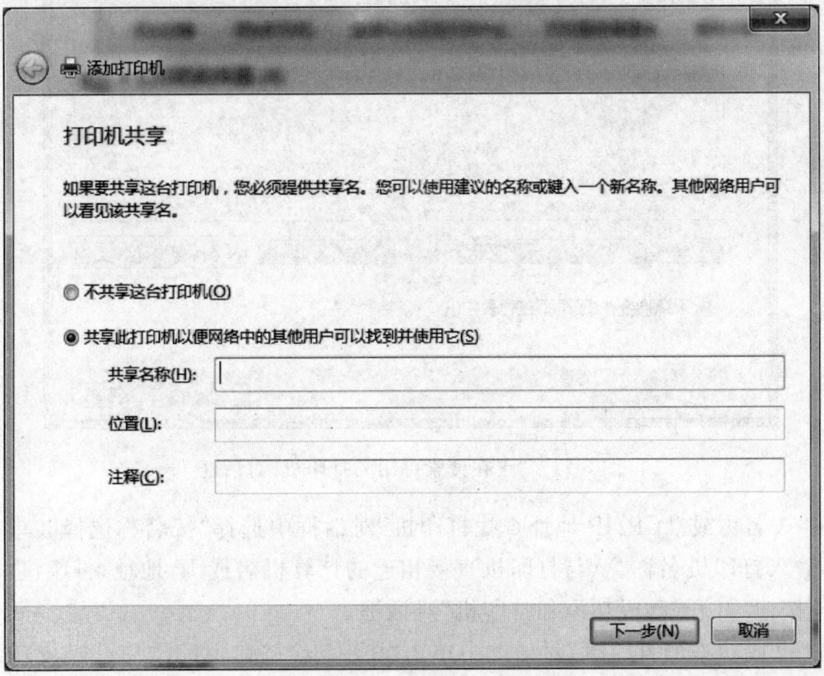

图 5-20　"打印机共享"对话框

113

（7）如果希望其他计算机用户使用该打印机，在"打印机共享"对话框中选择"共享此打印机以便网络中的其他用户可以找到并使用它"单选按钮，再输入共享时该打印机的名称、位置和注释，单击"下一步"按钮，打开"您已经成功添加"对话框。

（8）在"您已经成功添加"对话框中可以单击"打印测试页"按钮，检测是否已经正确安装了打印机。若确认设置无误，单击"完成"按钮，安装完毕。

3）设置客户端

在连有打印机的计算机上安装好本地打印机后，接下来需要在没有连接打印机的计算机上安装网络打印机，以便没有连接打印机的计算机能够把要打印的文件传输给连有打印机的计算机，并由该计算机统一管理打印，实现网络打印。具体操作步骤如下。

（1）依次选择"开始"→"设备和打印机"命令，打开"设备和打印机"窗口。

（2）在"设备和打印机"窗口中单击"添加打印机"按钮，打开"要安装什么类型的打印机"对话框。

（3）在"要安装什么类型的打印机"对话框中单击"添加网络、无线或 Bluetooth 打印机"按钮，系统会自动搜索网络中可用的打印机，如图 5-21 所示。由于在局域网内部可以直接输入打印机名称，因此可直接单击"我需要的打印机不在列表中"按钮，打开"按名称或TCP/IP 地址查找打印机"对话框，如图 5-22 所示。

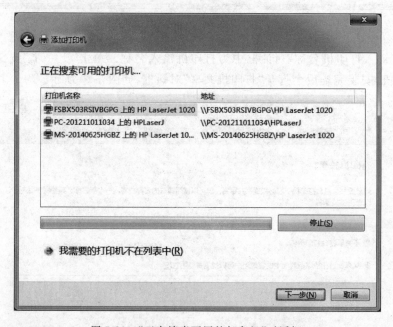

图 5-21 "正在搜索可用的打印机"对话框

（4）在"按名称或 TCP/IP 地址查找打印机"对话框中选择"按名称选择共享打印机"单选按钮，再输入打印机名称"\\与打印机直接相连的计算机名或 IP 地址\打印机共享名"，单击"下一步"按钮，打开"已成功添加打印机"对话框。

（5）在"已成功添加打印机"对话框中单击"下一步"按钮，打开"您已经成功添加"对话框，可以单击"打印测试页"按钮，检测是否已经正确安装了打印机。若确认设置无误，单击"完成"按钮，则安装完毕。

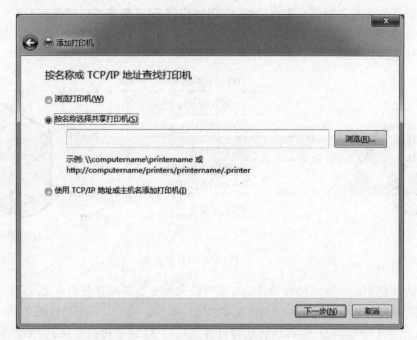

图 5-22　"按名称或 TCP/IP 地址查找打印机"对话框

任务 5.2　利用 FTP 服务器实现文件共享

 任务目的

（1）理解 FTP 的作用和工作方式；
（2）掌握利用 FTP 服务器实现文件共享的基本方法；
（3）掌握在客户机访问 FTP 服务器的方法。

 工作环境与条件

（1）安装好 Windows 7 或其他 Windows 操作系统的计算机；
（2）能够正常运行的网络环境；
（3）典型的 FTP 服务器软件。

 **相关知识**

FTP（File Transfer Protocol，文件传输协议）是 Internet 上出现最早的一种服务，通过该服务可以在 FTP 服务器和 FTP 客户机之间建立连接，实现 FTP 服务器和 FTP 客户机的文件传输，文件传输包括从 FTP 服务器下载文件和向 FTP 服务器上传文件。目前 FTP 主要用于文件交换与共享、Web 网站维护等方面。

FTP 服务分为服务器端和客户机端,常用的构建 FTP 服务器的软件有 IIS 自带的 FTP 服务组件、Serv-U 以及 Linux 下的 vsFTP、wu-FTP 等。FTP 客户机访问 FTP 服务器的工作过程如图 5-23 所示。

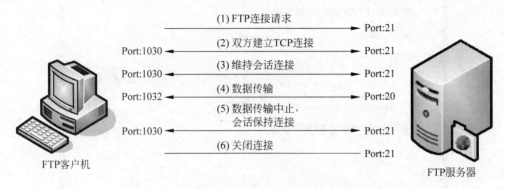

图 5-23　FTP 客户机访问 FTP 服务器的工作过程

FTP 协议使用的传输层协议为 TCP,客户机和服务器必须打开相应的 TCP 端口,以建立连接。FTP 服务器默认设置两个 TCP 端口 21 和 20。端口 21 用于监听 FTP 客户机的连接请求,在整个会话期间,该端口将始终打开。端口 20 用于传输文件,只在数据传输过程中打开,传输完毕后将关闭。FTP 客户机将随机使用 1024～65535 的动态端口,与 FTP 服务器建立会话连接及传输数据。

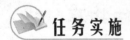 **任务实施**

操作 1　FTP 服务的搭建

Serv-U FTP Server 是目前众多的 FTP 服务器软件之一,利用该软件用户可以将任何一台 PC 设置成 FTP 服务器。

1) 安装 Serv-U FTP Server

Serv-U FTP Server 的安装方法与其他软件基本相同,这里不再赘述。安装完毕后,双击其在桌面创建的 Serv-U 图标,可以打开"Serv-U 管理控制台"主页,如图 5-24 所示。

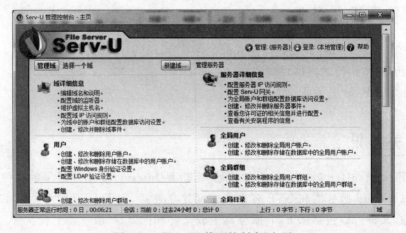

图 5-24　"Serv-U 管理控制台"主页

2）新建域

在 Serv-U 管理控制台中新建域的基本操作步骤如下。

（1）单击"Serv-U 管理控制台"主页界面中的"新建域"按钮，打开"域向导-步骤 1 总步骤 4"窗口，如图 5-25 所示。

图 5-25　"域向导-步骤 1 总步骤 4"窗口

（2）在"域向导-步骤 1 总步骤 4"窗口中输入域的名称及说明，单击"下一步"按钮，打开"域向导-步骤 2 总步骤 4"窗口，如图 5-26 所示。

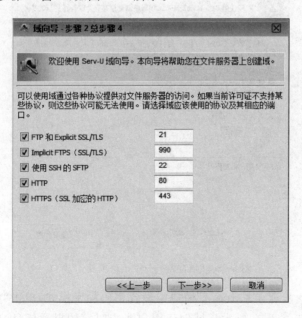

图 5-26　"域向导-步骤 2 总步骤 4"窗口

（3）在"域向导-步骤 2 总步骤 4"窗口中选择域使用的协议及其相应的端口，通常使用默认设置即可。单击"下一步"按钮，打开"域向导-步骤 3 总步骤 4"窗口，如图 5-27 所示。

图 5-27　"域向导-步骤 3 总步骤 4"窗口

（4）在"域向导-步骤 3 总步骤 4"窗口中设置域使用的 IPv4 地址、IPv6 地址，单击"下一步"按钮，打开"域向导-步骤 4 总步骤 4"窗口，如图 5-28 所示。

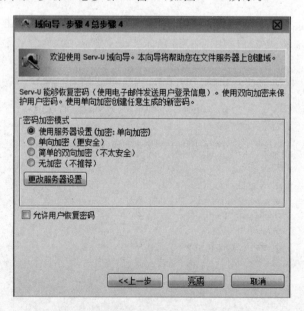

图 5-28　"域向导-步骤 4 总步骤 4"窗口

（5）在"域向导-步骤 4 总步骤 4"窗口中设置密码加密模式，单击"完成"按钮。此时会出现"域中暂无用户，您现在要为该域创建用户账户吗？"的提示信息，单击"是"按钮，出现"您要使用向导创建用户吗？"的提示信息，单击"是"按钮，打开"用户向导-步骤 1 总步骤 4"

窗口,如图 5-29 所示。

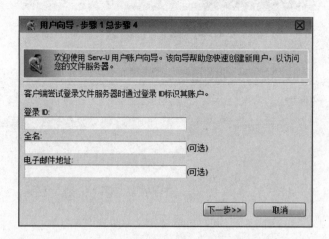

图 5-29　"用户向导-步骤 1 总步骤 4"窗口

（6）在"用户向导-步骤 1 总步骤 4"窗口中输入用户账户的登录 ID,单击"下一步"按钮,打开"用户向导-步骤 2 总步骤 4"窗口,如图 5-30 所示。

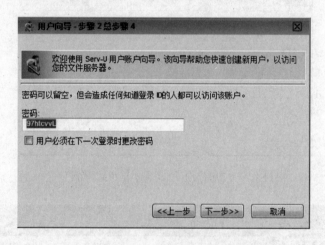

图 5-30　"用户向导-步骤 2 总步骤 4"窗口

（7）在"用户向导-步骤 2 总步骤 4"窗口中输入用户账户的登录密码,单击"下一步"按钮,打开"用户向导-步骤 3 总步骤 4"窗口,如图 5-31 所示。

（8）在"用户向导-步骤 3 总步骤 4"窗口中设置用户账户的根目录,即用户登录 FTP 服务器后可以访问文件夹,单击"下一步"按钮,打开"用户向导-步骤 4 总步骤 4"窗口,如图 5-32 所示。

（9）在"用户向导-步骤 4 总步骤 4"窗口中设置用户登录域后在其根目录的访问权限,单击"完成"按钮,完成新建域及其用户的设置。此时在 Serv-U 管理控制台中将显示已经创建的用户,如图 5-33 所示,客户机可以利用该用户账户登录服务器并对其根目录进行访问。

注意：以上只利用 Serv-U FTP Server 完成了 FTP 服务器的基本搭建,更复杂的设置请查阅相关帮助文件。

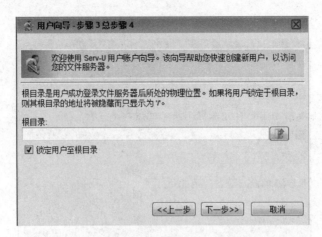

图 5-31　"用户向导-步骤 2 总步骤 4"窗口

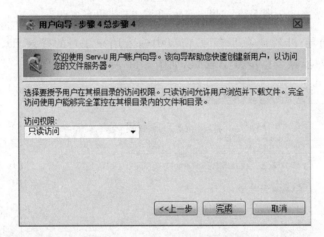

图 5-32　"用户向导-步骤 4 总步骤 4"窗口

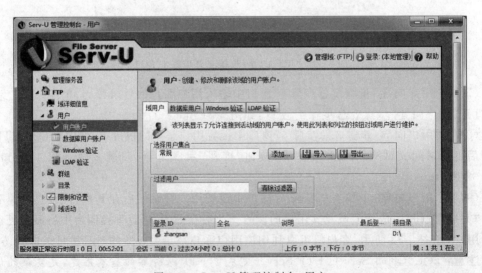

图 5-33　Serv-U 管理控制台-用户

操作 2 利用 FTP 上传和下载文件

FTP 服务搭建完毕后,可在客户机对其进行访问以测试其是否正常工作。客户机在访问 FTP 服务器时,可以使用 Windows 资源管理器和浏览器,也可以使用专门的 FTP 客户端软件(如 Cute FTP、Flashfxp 等),在 Windows 系统中还支持使用命令行方式。

在使用 Windows 资源管理器和浏览器进行访问时,若 FTP 服务器支持匿名登录,则用户在客户机上不需要输入用户名和密码,只需在地址栏中输入"ftp://域名(IP 地址)"即可自动使用用户名"anonymous"浏览相应根目录中的内容。若 FTP 服务器不支持匿名登录,则用户在地址栏中输入"ftp://域名(IP 地址)"后,需在弹出的对话框中输入相应的用户 ID 和密码。

注意:在利用 Serv-U FTP Server 搭建 FTP 服务时,若创建的用户 ID 为 anonymous,则客户端即可对其对应根目录进行匿名访问。另外 Serv-U FTP Server 可以在同一个域创建多个用户账户,不同的用户账户可以访问不同的根目录,若同时创建了匿名账户和非匿名账户,则用户可在地址栏输入"ftp://非匿名账户 ID@域名(IP 地址)/",在弹出的对话框中输入相应的密码后实现非匿名账户的登录。

在客户端使用 Windows 资源管理器成功登录 FTP 服务器后的窗口如图 5-34 所示,在该窗口中可以看到用户账户根目录中的文件夹及文件。

图 5-34 客户端登录 FTP 服务器

若要利用 Windows 资源管理器从 FTP 服务器中下载文件,只需在图 5-34 所示窗口中选择相应的文件,右击鼠标,在弹出的菜单中选择"复制"命令,然后将其"粘贴"到本地计算机相应的目录下即可。同样,只需在本地计算机中"复制"相应的文件并将其"粘贴"到图 5-34 所示窗口中的目录下,即可将文件上传到 FTP 服务器。

注意:要实现文件的上传,要确保用户账户相应目录有"写入"的权限。另外,使用浏览器虽然也可以访问 FTP 服务器,但进行文件上传和下载操作时并不方便。若使用的是 Internet Explorer,可在菜单栏中的"页面"中单击"在 Windows 资源管理器中打开 FTP 站点"命令,利用 Windows 资源管理器访问 FTP 服务器。

操作 3　常用 FTP 客户端软件的使用

FlashFXP 是一款功能强大的 FTP 客户端软件,集成了其他优秀的 FTP 客户端软件的优点,使用方便。FlashFXP 除支持基本的上传下载功能外,还可以跳过指定的文件类型,只传送需要的本件;可以自定义不同文件类型的显示颜色;可以暂存远程目录列表,支持 FTP 代理;可以显示或隐藏具有"隐藏"属性的文档和目录;具有避免闲置断线等功能。

1) 安装 FlashFXP

FlashFXP 的安装方法与其他软件基本相同,这里不再赘述。安装完毕后,双击其在桌面创建的快捷方式,选择相应语言即可打开 FlashFXP 的主界面,如图 5-35 所示。

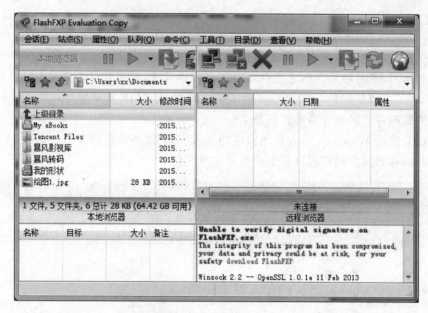

图 5-35　FlashFXP 的主界面

2) 使用 FlashFXP

在客户端使用 FlashFXP,登录 FTP 服务器并上传下载文件的基本操作步骤如下。

(1) 在 FlashFXP 主界面菜单栏中单击"站点"中的"站点管理器"命令,打开"站点管理器"窗口。

(2) 在"站点管理器"窗口中单击"新建站点"按钮,在打开的"创建新的站点"窗口中输入站点名称,单击"确定"按钮,此时在"站点管理器"窗口中可以看到新建站点的相关信息,如图 5-36 所示。

(3) 在"站点管理器"窗口新建站点的"常规"选项卡中,输入要访问的 FTP 服务器的 IP 地址(或域名)、用户名称、密码等,单击"应用"按钮保存站点信息。

(4) 在"站点管理器"窗口中单击"连接"按钮,FlashFXP 将开始连接 FTP 服务器。连接成功后,在 FlashFXP 主界面的右侧窗格中会显示 FTP 服务器相应根目录中的文件夹和文件,如图 5-37 所示。

(5) 在 FlashFXP 主界面的左侧窗格中选择本地计算机的相应目录,在 FlashFXP 主界面的右侧窗格中选中 FTP 服务器的相应文件或文件夹,单击右侧窗格上方工具栏的"传输选定"按钮,此时 FTP 服务器的文件或文件夹将下载到本地计算机的相应目录。

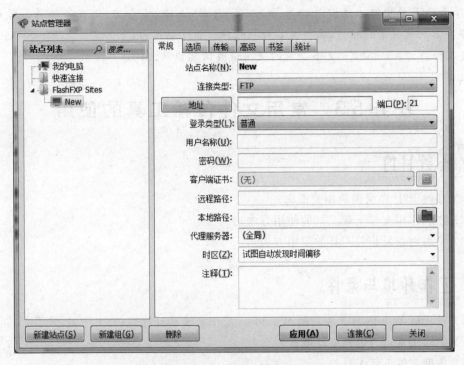

图 5-36 "站点管理器"窗口

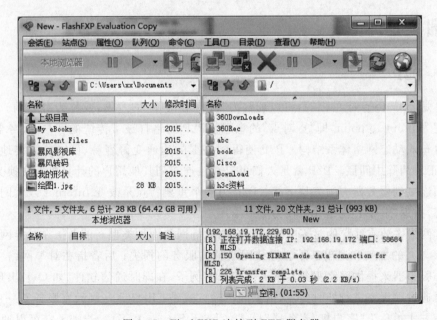

图 5-37 FlashFXP 连接到 FTP 服务器

（6）在 FlashFXP 主界面的右侧窗格中选择 FTP 服务器的相应目录，在 FlashFXP 主界面的左侧窗格中选中本地计算机的相应文件或文件夹，单击左侧窗格上方工具栏的"传输选定"按钮，此时本地计算机的文件或文件夹将上传到 FTP 服务器的相应目录。

注意：在 FlashFXP 主界面中选择本地计算机和 FTP 服务器的文件后，都可以右击鼠

123

标,在弹出的菜单中可以选择进行查看、编辑、移动、删除、重命名、刷新等操作。当然,对 FTP 服务器的文件进行操作,需要具备相应权限。限于篇幅,以上只完成了 FlashFXP 最基本的设置和应用,FlashFXP 更多功能的使用请查阅其帮助文件。

任务 5.3　常用文件传输工具的使用

 **任务目的**

（1）理解 P2P 和网盘的相关概念;
（2）熟悉常用文件下载工具的使用方法;
（3）熟悉网盘及相关工具的使用方法。

 **工作环境与条件**

（1）安装好 Windows 7 或其他 Windows 操作系统的计算机;
（2）能够正常运行的网络环境;
（3）典型文件下载工具。

 **相关知识**

5.3.1　P2P

P2P 是 peer-to-peer 的缩写,可以理解为"伙伴对伙伴"的意思,或称为对等网。P2P 还可以理解为 point to point,即"点对点"的意思。P2P 网络打破了传统的客户/服务器模式,是一种分布式动态网络体系结构。P2P 使得网络上的沟通变得容易,可以更直接地共享和交互,真正地消除中间商。P2P 就是人们可以直接连接到其他用户的计算机上交换文件,而不是必须连接到服务器去浏览与下载。P2P 另一个重要特点是改变 Internet 以大网站为中心的状态,重返"非中心化",并把权力交还给用户。

P2P 网络主要有纯粹的对等网络和混合的对等网络两种类型。前者指在对等网络中任何一个参与人的加入和退出都不会导致网络整体服务的损失;后者指在对等网络中,需要一个中心服务器来提供网络服务。举一个简单的例子,在即时通信软件(如 QQ)出现之前,人们主要通过聊天室进行即时交流,信息的传输方式是:用户 A→聊天室服务器→用户 B,这种通信方式被称为"客户机/服务器"模式(Client/Server,C/S)。若聊天室可以通过基于 HTTP 协议的网站访问,则其通信方式被称为"浏览器/服务器"模式(Browser/Server,B/S),这都不是 P2P 的方式。而对于 QQ 等即时通信软件,用户与服务器的交互要完成登录、维持在线状态等。用户之间的信息传输不需要服务器参与,信息的传输方式为:用户 A→用户 B,这就是典型的 P2P 应用。不过,若接收方不在线,信息也可能会通过服务器中转,此时通信方式又变成了 C/S 模式。

网络上现有的许多服务可以归入 P2P 的行列,除以 QQ 为代表的即时通信软件外,以 eMule、Bitcomet、迅雷等为代表的文件传输工具也是流行的 P2P 应用。它们允许用户互相沟通和交换信息、交换文件。但在这些用户之间的信息交流不是直接的,需要由位于中心的服务器来协调。

5.3.2　网盘

网盘又称网络 U 盘、网络硬盘,是由互联网公司推出的在线存储服务,向用户提供文件的存储、访问、备份、共享等文件管理功能。用户不管是在家中、单位或其他任何地方,只要连接到 Internet,就可以管理、编辑网盘里的文件,不需要随身携带,更不怕丢失。

1. 百度云网盘

百度云网盘是百度公司在 2012 年正式推出的一项免费云存储服务,目前支持 Web 版、Windows 客户端、Android 手机客户端、Mac 客户端、IOS 客户端和 WP 客户端等。用户可以轻松地将自己的文件上传到网盘上,并可以跨终端随时随地查看和分享。百度云网盘提供离线下载、文件智能分类浏览、视频在线播放、文件在线解压缩、免费扩容等功能。

2. 华为网盘

华为网盘是基于网络分布式云存储技术的网络硬盘,它面向所有用户,提供各种类型文件的存储、传递、共享、同步的网络服务。通过华为网盘用户可以随时随地访问自己的文件,可以自由自在与好友分享音乐、照片与文档等。华为网盘支持迅雷一样的下载,用户可以直接用客户端下载网盘中的文件,或者通过转载之后下载想要的文件。

3. 360 云盘

360 云盘是奇虎 360 科技的分享式云存储服务产品,为广大普通网民提供了存储容量大、免费、安全、便携、稳定的跨平台文件存储、备份、传递和共享服务。360 云盘除了提供最基本的文件上传下载服务外,还提供文件实时同步备份功能,只需将文件放到 360 云盘目录,360 云盘程序将自动上传这些文件至 360 云盘云存储服务中心,同时当在其他计算机上登录云盘时,自动将这些文件同步下载到新计算机上,实现多台计算机的文件同步。

4. 搜狐企业网盘

搜狐企业网盘是搜狐公司推出的一款云存储服务,是集存储、备份、同步共享为一体的智能云办公平台。搜狐企业网盘采用的是软件(即服务模式),以向企业用户提供安全稳定、快速方便的文件管理解决方案为核心目标,采用完善的容灾备份机制,能够实时将数据备份。

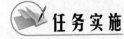
任务实施

操作 1　使用文件下载工具

虽然使用浏览器就可以方便地下载文件,但如果遇到网络故障或停电等意外情况就很有可能需要重新下载。常用的文件下载工具都具有断点续传功能,可以避免上述情况的发生。同时利用文件下载工具的多线程下载功能可以同时下载多个文件,提高下载效率。下面以迅雷软件为例,完成常用文件下载工具的基本操作。

1) 安装迅雷软件

迅雷的安装方法与其他软件基本相同,这里不再赘述。安装完毕后,双击其在桌面创建的快捷方式即可打开迅雷的主界面,如图 5-38 所示。

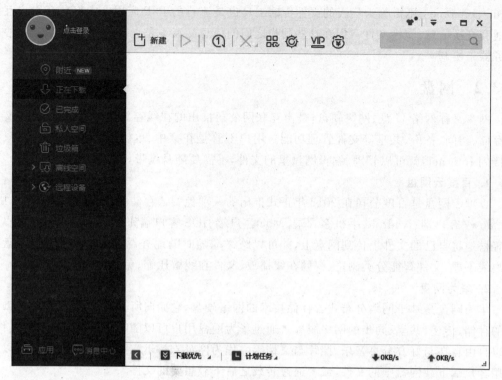

图 5-38　迅雷的主界面

2) 添加下载任务

要使用迅雷下载资源,可先利用搜索引擎搜索所需的资源,然后在相应下载地址的超链接上右击,在弹出的菜单中选择"使用迅雷下载"命令,根据提示进行相应操作即可。利用迅雷下载软件"百度云管家"的基本操作步骤如下。

(1) 打开浏览器,在百度搜索主页面的搜索框中输入"百度云管家",单击"百度一下"按钮,在打开的搜索结果页面中选择相应下载地址的超链接,右击,在弹出的菜单中选择"使用迅雷下载"命令,打开"新建任务"对话框,如图 5-39 所示。

图 5-39　"新建任务"对话框

(2) 在"新建任务"对话框中选择保存下载文件的路径,单击"立即下载"按钮,开始下载文件,此时在迅雷的主界面中可以看到相应的下载进度。

（3）下载完成后，迅雷将提示任务下载已完成，如图 5-40 所示，单击任务下的"运行"按钮，可以运行并安装软件，单击"目录"按钮可以打开下载文件的保存目录。

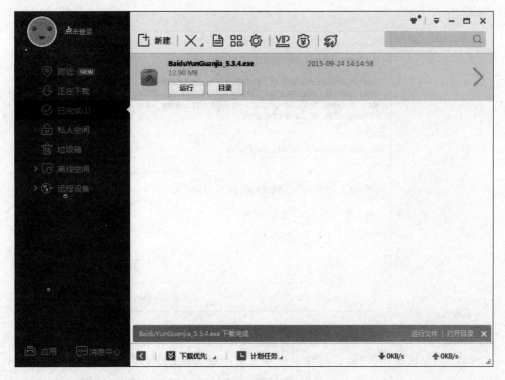

图 5-40　完成下载任务

3）添加批量下载任务

迅雷的批量下载功能可以方便地创建多个包含共同特征的下载任务。如某网站提供了 http://www.a.com/01.zip、http://www.a.com/02.zip…http://www.a.com/10.zip 共 10 个下载链接地址，这 10 个地址只有数字部分不同，如果用（＊）表示不同的部分，这些地址可以写成 http://www.a.com/（＊）.zip。因此可以利用迅雷的批量下载功能同时添加下载任务，具体操作方法如下。

（1）在迅雷主界面上单击上方的"新建"按钮，打开"新建任务"窗口，如图 5-41 所示。

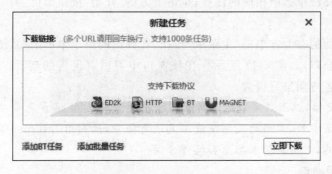

图 5-41　"新建任务"窗口

（2）在"新建任务"窗口中，可以直接输入或粘贴多个不同的下载链接，每个链接用回车换行。若有进行批量下载，可单击"添加批量任务"按钮，打开"添加批量任务"窗口，如图 5-42 所示。

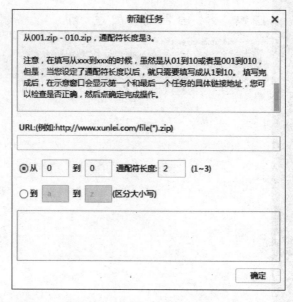

图 5-42 "添加批量任务"窗口

（3）在"添加批量任务"窗口的"URL"文本框中输入批量下载地址的通配符（如 http://www.a.com/（＊）.zip）并设定通配符的长度和范围（如通配符长度为 2，从 01 到 10），此时单击"确定"按钮，在"新建任务"窗口可以看到已经添加的批量任务。

（4）在"新建任务"窗口中选择保存下载文件的路径，单击"立即下载"按钮开始下载文件，此时在迅雷的主界面中可以看到相应的下载进度。

4）断点下载

使用迅雷下载资源时，如遇到网络中断、软件意外关闭等情况，可以中断正在下载的资源，并在需要时从中断的地方继续下载。若要中断某下载任务，只需在迅雷主界面的"正在下载"中选中相应的任务，单击上方的"暂停"按钮即可。若要继续某下载任务，只需在迅雷主界面的"正在下载"中选中相应的任务，单击上方的"开始"按钮即可。

5）系统设置

在迅雷主界面的右上方单击"主菜单"按钮，在弹出的菜单中单击"系统设置"命令，可以打开"系统设置"窗口，如图 5-43 所示。在该窗口中可以对迅雷的启动、下载目录、下载模式、外观、监视等各方面进行设置。

注意：限于篇幅，以上只完成了迅雷最基本的设置和应用，迅雷更多功能的使用请查阅其帮助文件。除迅雷外，常用的文件下载工具还有很多，请利用 Internet 下载并安装一款其他的文件下载工具，熟悉其基本功能和操作方法。

操作 2　使用网盘

百度云网盘是百度公司推出的云服务产品，下面以该产品为例，完成常用网盘工具的基本操作。

128

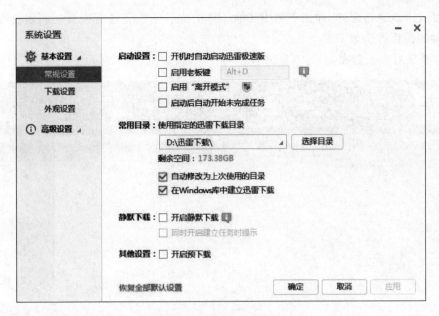

图 5-43　"系统设置"窗口

1）安装与登录百度云管家

百度云管家的安装方法与其他软件基本相同，这里不再赘述。安装完毕后，双击其在桌面创建的快捷方式即可打开百度云管家的登录界面，如图 5-44 所示。若用户已拥有百度账号，可直接输入账号和密码登录；若用户没有百度账号，可单击登录界面下方的"立即注册百度账号"，根据向导注册账号。

图 5-44　百度云管家的登录界面

2）上传文件

百度云管家会为刚注册的用户提供 5GB 的存储空间，用户可以将文件从本地计算机上传到百度云网盘进行存储,并便于利用其他计算机或移动设备进行查看。利用百度云管家上传文件的操作方法如下。

(1)登录百度云管家,打开百度云管家的主界面,如图 5-45 所示。

图 5-45　百度云管家的主界面

(2)单击百度云管家主界面工具栏中的"上传"按钮,或在百度云管家主界面中间空白区域单击"上传文件"按钮,打开"请选择文件/文件夹"窗口,如图 5-46 所示。

(3)在"请选择文件/文件夹"窗口中选择要上传的文件或文件夹,单击"存入百度云"按钮,系统开始上传文件。在百度云管家主界面可以看到已经上传的文件或文件夹,单击右侧的"传输列表"按钮,可以查看文件的传输进度,如图 5-47 所示。

注意:在 Windows 系统中,直接将文件或文件夹拖曳到百度云管家主界面或其悬浮窗中也可以实现文件的上传。另外,可以在百度云管家主界面中选择已经上传的文件,右击鼠标,在弹出的菜单中选择相应命令,对该文件进行复制、剪切、重命名、删除等操作。

3)下载文件

默认情况下,百度云管家会将下载的文件保存在本地计算机的 BaiduYunDownload 目录中,这样不太利于用户查找,因此在下载文件前可以先对其保存路径进行设置。利用百度云管家下载文件的操作方法如下。

(1)单击百度云管家主界面右上角的"设置"按钮,在弹出的菜单中选择"设置"命令,打开"设置"对话框。

(2)在"设置"对话框左侧单击"传输",打开"传输"选项卡,如图 5-48 所示。

(3)在"传输"选项卡的"下载文件位置选择"中选中"默认此路径为下载路径"复选框,单击"浏览"按钮,在打开的"浏览文件夹"窗口中选择下载文件保存在本地计算机的路径。

图 5-46　"请选择文件/文件夹"窗口

图 5-47　"传输列表"窗口

设置完成后返回"设置"对话框,单击"确定"按钮。

（4）在百度云管家主界面中选择要下载的文件,单击工具栏中的"下载"按钮,打开"设置下载存储路径"对话框,可以看到默认情况下下载文件将保存到刚才设置的路径中。如需

131

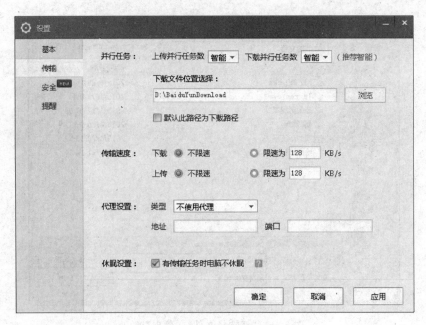

图 5-48　"传输"选项卡

要保存到其他路径,可单击"浏览"按钮进行设置。

(5) 确认存储路径后,单击"下载"按钮,系统开始下载文件。可以通过传输列表查看文件传输的进度。

注意:在"设置"对话框中,可以对百度云管家的开机启动、悬浮窗、自动升级、下载速度、客户端锁定等进行设置。

4) 分享文件

百度云管家支持将文件进行分享,使其他用户可以转存或下载该文件。利用百度云管家分享文件的操作方法如下。

(1) 在百度云管家主界面中选择要分享的文件,单击工具栏中的"分享"按钮,打开"分享文件"对话框,如图 5-49 所示。

(2) 在"分享文件"对话框中选择"公开分享"选项卡,单击"创建公开链接"按钮,此时在"分享文件"对话框中可以看到创建的公开分享链接,如图 5-50 所示。单击"复制链接"按钮可以复制该链接,单击"关闭"按钮则返回百度云管家主界面。

(3) 单击百度云管家主界面右侧的"分类查看"按钮,在左侧出现的分类列表中选择"我的分享",在打开的"我的分享"窗口中可以看到已经创建的分享。选择该分享后,可以单击"复制"按钮复制该链接,也可以单击"取消分享"按钮取消对该文件的分享。

注意:在"公开分享"中创建的公开分享链接会出现在用户的分享主页上,其他人可以查看并下载,用户可以复制该链接并将该链接通过微博、QQ 等方式与他人共享。另外如果选择"私密分享",则创建的分享链接只有好友可见,用户也可以复制相应链接并通过微博、QQ 等方式与他人共享。

5) 推送文件

百度云管家支持推送功能。所谓推送功能是指用户可在多台终端设备上使用相同账号

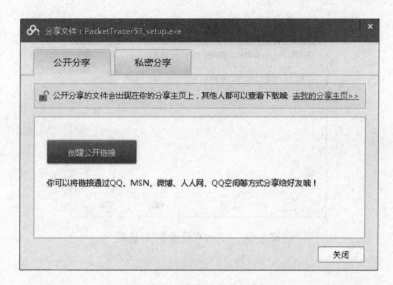

图 5-49　"分享文件"对话框

图 5-50　创建的公开分享链接

登录到百度云管家,然后在一台终端设备上可以将网盘内文件推送到其他终端设备进行下载。利用百度云管家推送文件的操作方法如下。

(1) 在两台或更多终端设备上使用同一账号登录百度云管家。

(2) 在百度云管家主界面中选择要推送的文件,单击工具栏中的"推送到设备"按钮,打开"我的在线设备"对话框,如图 5-51 所示。

(3) 在"我的在线设备"对话框中选择要推送的设备,单击"确定"按钮,系统将开始推送文件。可以通过传输列表查看文件传输的进度。

注意:限于篇幅,以上只完成了百度云管家最基本的设置和应用,更多功能的使用请查阅其帮助文件。除百度云网盘外,常用的网盘产品还有很多,请利用 Internet 下载并安装一款其他的网盘产品,熟悉其基本功能和操作方法。

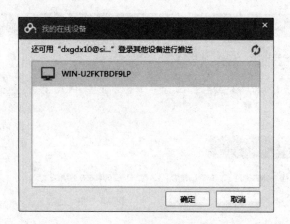

图 5-51　"我的在线设备"对话框

习　题　5

1. 简述 Windows 工作组网络的基本特点。

2. Windows 系统的本地用户账户分为哪些类型？各有什么特征？

3. 简述 Windows 共享文件夹共享权限的类型与其所具备的访问能力。

4. 什么是 FTP？

5. 简述 P2P 网络的特点。

6. 什么是网盘？

7. 组建工作组网络并实现文件和打印机共享。

内容及操作要求：把所有的计算机组建为一个名为 Students 的工作组网络，在每台计算机的 D 盘上创建一个共享文件夹，使该计算机的管理员账户可以通过其他计算机对该文件夹进行完全控制，使该计算机的其他账户可以通过其他计算机读取该文件夹中的文件。在一台计算机上安装打印机并将其共享，要求所有计算机都可以使用该打印机直接打印文件。

准备工作：3 台安装 Windows 7 或以上版本操作系统的计算机；能够正常运行的网络环境。

考核时限：45min。

8. 利用 FTP 服务器实现文件共享。

内容及操作要求：在一台安装 Windows 操作系统的计算机上搭建 FTP 服务器，使用户可以下载该计算机 D 盘上的文件，但不能更改 D 盘原有的内容。

准备工作：3 台安装 Windows 7 或以上版本操作系统的计算机；能够正常运行的网络环境。

考核时限：25min。

9. 常用文件传输工具的使用。

内容及操作要求：在一台计算机上安装迅雷、百度云管家或其他常用文件传输工具，并完成以下操作：

- 从 Internet 上搜索并利用迅雷下载 WPS Office 的安装文件；
- 利用百度云管家将 WPS Office 安装文件上传到网盘并公开分享；
- 利用百度云管家将 WPS Office 安装文件推送到局域网的其他计算机。

准备工作：3 台安装 Windows 7 或以上版本操作系统的计算机；能够接入 Internet 的网络环境。

考核时限：25min。

模块 6 网 络 交 流

计算机和网络技术的发展为人们的沟通和交流提供了更为便捷的平台。利用 Internet,通过电子邮件、网络电话、即时通信等形式进行文字、图片、声音、视频的交流,已经成为人们一种基本的生活方式。本模块的主要目标是掌握电子邮件系统的使用方法,熟悉常用即时通信工具的使用方法。

任务 6.1 使用电子邮件

 **任务目的**

(1) 了解电子邮件系统的组成和电子邮件的传输过程;
(2) 学会申请和使用电子邮箱;
(3) 掌握使用 Web Mail 和客户端软件管理电子邮件的方法。

工作环境与条件

(1) 安装好 Windows 7 或其他 Windows 操作系统的计算机;
(2) 能够接入 Internet 的网络环境。

 相关知识

电子邮件(E-mail)是最常用的网络服务,是对传统邮件收发方式的模拟。由于电子邮件具有使用简易、投递迅速、收费低廉、易于保存等优点,使得电子邮件被广泛地应用,极大地改变了人们的交流方式。

6.1.1 电子邮件的格式

电子邮件有自己规范的格式,电子邮件有信封和内容两大部分,即邮件头(Header)和邮件主体(Body)两部分。邮件头包括收信人 E-mail 地址、发信人 E-mail 地址、发送日期、标题和发送优先级等,其中前两部分是必须具有的。邮件主体才是发信人和收信人要处理的内容。早期的电子邮件系统使用简单邮件传输协议(Simple Mail Transfer Protocol,SMTP),只能传输文本信息,目前的电子邮件系统通过使用多用途因特网邮件扩展协议(Multipurpose Internet Mail Extensions,MIME),还可以发送语音、图像和视频等信息。传送邮件时对于邮件主体没有格式上的统一要求,但对邮件头有严格的要求,尤其是 E-mail 地址部分。

E-mail 地址的标准格式如图 6-1 所示。

- 用户名指用户在某个邮件服务器上注册的用户标识,相当于是该用户的一个私人邮箱。

图 6-1 E-mail 地址的标准格式

- "@"为分隔符,一般将其读为英文的"at"。
- 主机域名是指邮箱所在邮件服务器的域名。

例如,E-mail 地址 zhangsan@sohu.com 表示在搜狐邮件服务器上的名为 zhangsan 的用户私人邮箱。

6.1.2 电子邮件系统的组成

除了标准的电子邮件格式之外,电子邮件的发送和接收还要依托由客户端邮件程序、邮件服务器和邮件协议组成的电子邮件系统。

1. 客户端邮件程序

客户端邮件程序是客户用于收发、撰写和管理电子邮件的软件。常用的包括 Microsoft Outlook、Foxmail 等客户端软件以及基于 Web 界面的客户端邮件程序。

2. SMTP 服务

当用户在发送邮件(包括用户代理向电子邮件发送服务器或电子邮件发送服务器向电子邮件接收服务器发送邮件)时,要使用邮件发送协议,常见的邮件发送协议有简单邮件传输协议(SMTP)和 MIME 协议,前者只能传输文本信息,后者可以传输包括文本、声音、图像在内的多媒体信息。

配置了 SMTP 协议的电子邮件服务器称为 SMTP 服务器。当用户利用客户端邮件程序发送电子邮件时,邮件将发送给 SMTP 服务器,并由 SMTP 服务器负责将其发送给目的地的 SMTP 服务器。SMTP 服务器同时也负责接收由其他 SMTP 服务器发送来的电子邮件,然后将其存储到相应的"邮件存放区"。SMTP 协议默认使用 TCP 端口 25。

3. POP3 服务

用户从邮件接收服务器接收邮件时,需要使用邮件接收协议,常见的邮件接收协议包括 POP3(Post Office Protocol,电子邮局协议)和 IMAP4(Internet Message Access Protocol,交互式邮件存取协议)。

配置 POP3 协议的电子邮件服务器成为 POP3 服务器,当用户利用客户端邮件程序向 POP3 服务器索取属于他的邮件时,POP3 服务器会从"邮件存放区"来读取属于该用户的电子邮件,并将这些邮件发送给用户。管理员可以利用 POP3 服务来建立与管理用户的电子邮箱。POP3 协议默认使用 TCP 端口 110。

IMAP 是 POP3 的一种替代协议,提供了邮件检索和邮件处理的新功能,用户不用下载邮件正文就可以看到邮件的标题摘要,从邮件客户端软件就可以对服务器上的邮件和文件夹目录等进行操作。IMAP 协议增强了电子邮件的灵活性,同时也减少了垃圾邮件对本地系统的直接危害。除此之外,IMAP 协议可以记忆用户在脱机状态下对邮件的操作(例如移动、删除邮件等)在下一次打开网络连接的时候会自动执行。

图 6-2 中说明了用户 Jack 发送电子邮件给 Mary 的流程,由此流程可以很清楚地看出

137

POP3 服务器、SMTP 服务器和客户端邮件程序三者之间的互动关系。一般来说，网络中会使用一台计算机同时扮演 POP3 与 SMTP 服务器的角色。目前能够实现 SMTP 和 POP3 服务的电子邮件服务器软件很多，如 Microsoft Exchange Server、Lotus Notes 等。

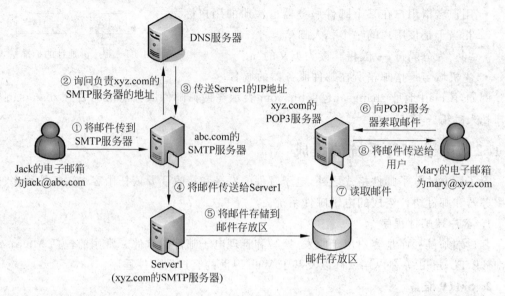

图 6-2　电子邮件的发送流程

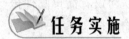

操作 1　申请电子邮箱

在使用电子邮件之前，必须先申请电子邮箱。申请电子邮箱可以有很多种方式，目前有很多 Web 站点都提供免费的电子邮箱服务，普通用户可以登录相应站点，通过填写一张个人资料表格就可以得到免费邮箱。申请电子邮箱的步骤在这里不再赘述。

注意：有些 Web 站点提供的电子邮箱服务只允许用户通过 WebMail 管理电子邮件，而不能使用 Microsoft Outlook 等客户端软件。

操作 2　使用 WebMail 管理电子邮件

WebMail 是基于网页的电子邮件管理系统，扮演邮件用户代理角色，一般而言，WebMail 具有邮件收发、用户在线服务和系统服务管理等功能。WebMail 的界面直观、使用方便，用户通过浏览器即可访问，免除了用户对专业邮件客户端软件进行配置的麻烦。下面以"126 网易免费邮"为例，完成使用 WebMail 管理电子邮件的基本操作。

1）登录 WebMail

在浏览器地址栏中输入"www.126.com"，可以打开"126 网易免费邮"网站的主页，输入申请到的邮箱账号和密码后，单击"登录"按钮，即可登录 WebMail。登录后的主界面如图 6-3 所示。

2）撰写并发送邮件

登录 WebMail 后就可以撰写并发送电子邮件了，基本操作步骤如下。

（1）在登录后的 WebMail 主界面中，单击"写信"按钮，打开"写信"编辑窗口，如图 6-4 所示。

图 6-3　登录后的 WebMail 主界面

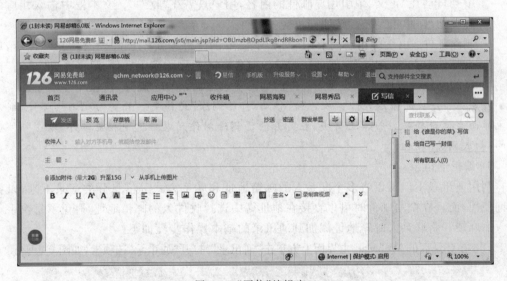

图 6-4　"写信"编辑窗口

（2）在"写信"编辑窗口的"收件人"文本框中输入收件人的邮箱地址，在"标题"文本框中输入邮件的标题，在下方的文本框中输入邮件的正文，输入后单击页面上方或下方的"发送"按钮，即可发送邮件。

注意：若需要在邮件中发送文件，可在"写信"编辑窗口中单击"添加附件"链接，在弹出的对话框中选择相应要上传的文件即可。若需要给多个收件人发送相同的邮件，可在"收件人"文本框中输入多个收件人的邮箱地址，且各邮箱地址之间用分号隔开；若需要将邮件发送给其他联系人，但不希望收件人看到，可单击"收件人"文本框右上方的"密送"按钮，在出现的"密送"文本框中输入其他联系人的邮箱地址即可；若需要实现对多个收件人一对一的发送相同的邮件，可单击"收件人"文本框右上方的"群发单显"按钮，在出现的"群发单显"文本框中输入多个收件人的邮箱地址即可。

3）接收邮件

一般情况下，用户在登录 WebMail 后可以在主界面中看到收件箱中邮件和未读邮件的数量。接收并阅读电子邮件的基本操作步骤如下。

（1）在登录后的 WebMail 主界面中单击"收信"按钮，打开"收件箱"窗口。

（2）在"收件箱"窗口中单击要阅读邮件的主题，在新打开的窗口中就可以阅读邮件的正文内容了。

注意：若邮件中带有附件，则在阅读邮件窗口中会有附件栏，单击"附件栏"右侧的"查看附件"按钮，即可查看并下载附件。

4）回复、转发和删除邮件

回复、转发和删除邮件也是邮件的日常操作，基本操作方法如下。

- 回复邮件：阅读完邮件后，单击邮件上方的"回复"按钮，在打开的"写信"编辑窗口中会自动填写收件人地址和邮件主题，输入邮件正文后，单击"发送"按钮即可回复邮件。
- 转发邮件：阅读完邮件后，单击邮件上方的"转发"按钮，在打开的"写信"编辑窗口中会自动在"正文"中引用原邮件的内容，用户只需在"收件人"文本框中输入相应的邮箱地址，单击"发送"按钮即可转发邮件。
- 删除邮件：由于邮箱空间有限，对于不需要的邮件应定期删除。阅读完邮件后，单击邮件上方的"删除"按钮即可删除该邮件。若要删除多个文件，只需在"收件箱"窗口的邮件列表中选中要删除邮件前面的复选框后，单击"删除"按钮即可。

注意：邮件被删除后，将从"收件箱"移动到"已删除"文件夹。若要彻底删除邮件，则应在主界面左侧选择"已删除"文件夹，在打开的已删除邮件列表中选中相应邮件，单击邮件上方的"彻底删除"按钮。

5）编辑通讯录

利用通讯录不但可以将多个联系人的邮箱地址和联系方式等信息分类记录下来，以备查询使用，而且在撰写邮件时可以直接在地址簿中选择收件人的邮箱地址，避免了每次手动输入的麻烦。将联系人邮箱地址添加到通讯录的基本操作步骤如下。

（1）在登录后的 WebMail 主界面上方单击"通讯录"，打开"通讯录"选项卡，如图 6-5 所示。

图 6-5 "通讯录"选项卡

（2）在"通讯录"选项卡中，单击"新建联系人"按钮，打开"新建联系人"对话框。

（3）在"新建联系人"对话框中填写联系人的姓名、电子邮箱、手机号码等信息，在分组栏中选择该联系人所在的分组。单击"确定"按钮，在"通讯录"选项卡中可以看到已经添加的联系人。

注意：通讯录在默认情况下没有分组，可在选择新建联系人所在分组时根据系统提示创建分组。另外，在"通讯录"选项卡中可以选择相应联系人对其进行编辑、删除等操作。

6）拒收垃圾邮件

电子邮件为人们的交流带来了方便，但不断出现的垃圾邮件会造成消耗邮箱空间、传播病毒等安全隐患。目前很多邮件接收端都采用黑白名单的方式来进行邮件过滤，其中黑名单是用来记录用户不愿意接收其邮件的邮箱地址，白名单是用来记录用户信任的邮箱地址。利用黑白名单拒收垃圾邮件的基本操作方法如下。

（1）在登录后的 WebMail 主界面上方选择"设置"→"常规设置"命令，打开"设置"编辑窗口。

（2）在"设置"编辑窗口左侧导航中选择"反垃圾/黑白名单"，打开"反垃圾/黑白名单"选项卡，如图 6-6 所示。

图 6-6　"反垃圾/黑白名单"选项卡

（3）在"反垃圾/黑白名单"选项卡中根据需要设置反垃圾规则，添加黑名单和白名单，单击"保存"按钮完成设置。

注意：以上以"126 网易免费邮"为例，完成使用 WebMail 管理电子邮件的基本操作，更多功能请查阅相关说明和帮助文件。除网易邮箱外，常用的 WebMail 产品还有很多，请利用 Internet 并使用一款其他的 WebMail 产品，熟悉其基本操作方法。

操作 3　使用客户端软件管理电子邮件

使用 WebMail 管理邮件的速度较慢，而且受到网络条件的制约，不能保证随时在线，对于具有多个邮箱，随时需要处理邮件的人来说是很不方便的。相对而言，邮件客户端软件提供了强大的邮件管理功能，用户可以使用客户端软件设置时间间隔定期查看邮箱，并把邮件接收到本地随时阅读。Microsoft Outlook 是微软办公软件套装的组件之一，具有收发电子邮件、管理联系人信息、记日记、安排日程、分配任务等功能。下面以 Microsoft Outlook 为例,完成使用客户端软件管理电子邮件的基本操作。

1) 添加邮件账户

要使用 Microsoft Outlook 收发邮件必须首先添加邮件账户,基本操作步骤如下。

(1) 启动 Microsoft Outlook,在"Microsoft Outlook"窗口中单击"文件"选项卡,如图 6-7 所示。

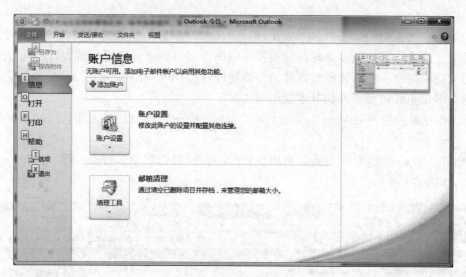

图 6-7 "文件"选项卡

注意:如果是初次运行该软件,则系统会自动提示添加邮件账户。

(2) 在"文件"选项卡的"账户信息"中单击"添加账户"按钮,打开"选择服务"对话框,如图 6-8 所示。

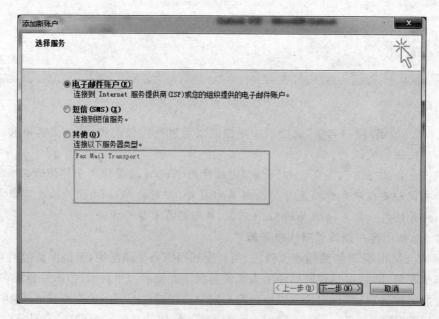

图 6-8 "选择服务"对话框

（3）在"选择服务"对话框中选择"电子邮件账户"，单击"下一步"按钮，打开"自动账户设置"对话框，如图 6-9 所示。

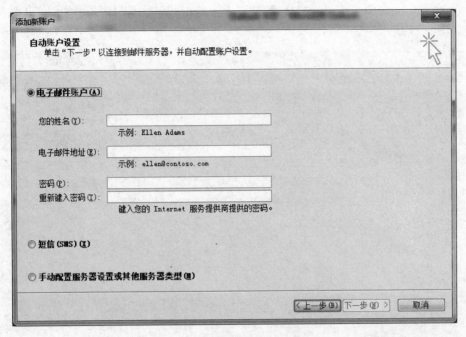

图 6-9   "自动账户设置"对话框

（4）在"自动账户设置"对话框中输入姓名、申请到的电子邮件地址、密码等信息，单击"下一步"按钮，系统会联机搜索相应的邮件服务器设置。系统自动设置成功后，将出现"祝贺您！"对话框。

（5）在"祝贺您！"对话框中单击"完成"按钮。添加了邮件账户的 Microsoft Outlook 窗口如图 6-10 所示。

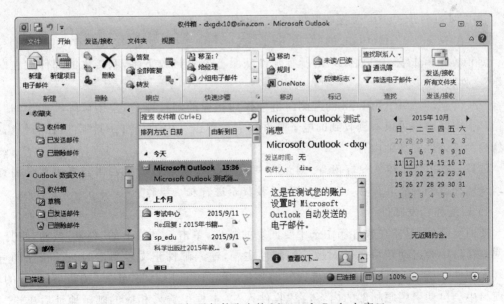

图 6-10   添加了邮件账户的 Microsoft Outlook 窗口

2）撰写并发送邮件

添加邮件账户后，可以利用该账户撰写并发送邮件，基本操作方法如下。

（1）在 Microsoft Outlook 的"开始"选项卡中单击"新建电子邮件"按钮，打开邮件编辑窗口，如图 6-11 所示。

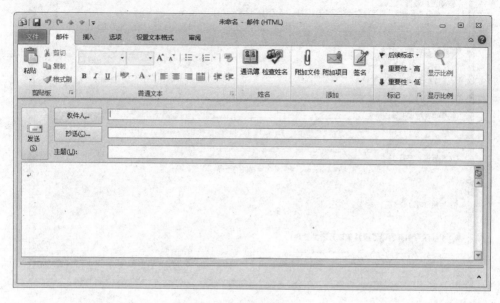

图 6-11　邮件编辑窗口

（2）在邮件编辑窗口的"收件人"文本框中输入收件人的邮箱地址，在"主题"文本框中输入邮件的主题，在下方的文本框中输入邮件的正文，单击"发送"按钮，即可发送邮件。

注意：如果需要附加文件，可以单击工具栏中的"附加文件"按钮，在打开的对话框中选择要添加的文件即可。

3）接收邮件

利用 Microsoft Outlook 接收邮件的基本操作方法如下。

（1）在 Microsoft Outlook 的"发送/接收"选项卡中选择"发送/接收所有文件夹"命令，Microsoft Outlook 会自动将用户的所有邮件从服务器上接收下来，刚接收的邮件放在"收件箱"文件夹中。

（2）在 Microsoft Outlook 的左侧窗格中找到相应的邮件账户，单击该邮件账户的"收件箱"，在中间窗格可以看到收到的电子邮件列表。单击其中的任意一封邮件，在右侧窗格中将显示该邮件的详细内容。

注意：若收到的邮件带有附件，则该邮件在邮件列表中的标题左侧会有曲别针图标。要阅读邮件附件或将其保存，可双击附件并按提示进行相应操作。

4）回复和转发邮件

要回复邮件，只需在收件箱中选中要回复的邮件，单击工具栏上的"答复"按钮，在打开的回复窗口中会自动填写收件人地址和邮件主题，输入邮件正文后单击"发送"按钮即可。要转发邮件，只需在收件箱中选中要回复的邮件，单击工具栏上的"转发"按钮，在打开的转发窗口中会自动引用原邮件的内容，在"收件人"文本框中输入相应的邮箱地址后单击"发送"按钮即可。

5）使用联系人和联系人组

可以为经常有邮件来往的人建立联系人和联系人组，这样当发送邮件时可以免去输入收件人邮箱地址的麻烦。使用联系人和联系人组的基本操作方法如下。

（1）新建联系人

在 Microsoft Outlook 的"开始"选项卡中单击"新建项目"→"联系人"按钮，打开"新建联系人"窗口，如图 6-12 所示。在"新建联系人"窗口中输入联系人的相关信息，单击工具栏"保存并新建"按钮可保存当前联系人信息并打开新的"新建联系人"窗口，单击工具栏"保存并关闭"按钮将完成联系人的创建。

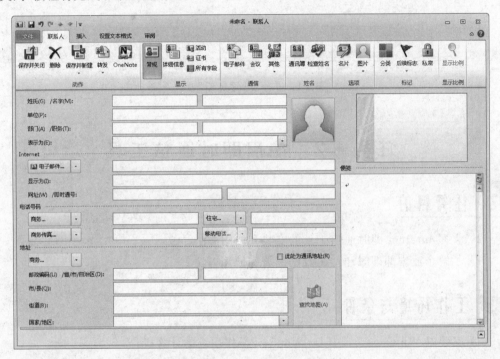

图 6-12　"新建联系人"窗口

（2）新建联系人组

在 Microsoft Outlook 的"开始"选项卡中单击"新建项目"→"其他项目"→"联系人组"按钮，打开"新建联系人组"窗口，如图 6-13 所示。在"新建联系人组"窗口的"名称"文本框中输入联系人组的名称，单击工具栏中的"添加成员"按钮，可将已经建立的联系人添加到联系人组。

（3）使用联系人和联系人组

在撰写和发送邮件时，如果要给已经建立的联系人或联系人组发送邮件，可以在命令栏中单击"通讯簿"按钮，在出现的窗口中双击要发送邮件的联系人或联系人组，则他们的邮件地址出现在"收件人"栏中。编辑好邮件内容后，单击"发送"按钮，就可将邮件发送给联系人或联系人组。

注意：以上只完成了 Microsoft Outlook 的基本设置和操作，Microsoft Outlook 的其他功能和操作方法请查阅相关技术手册。

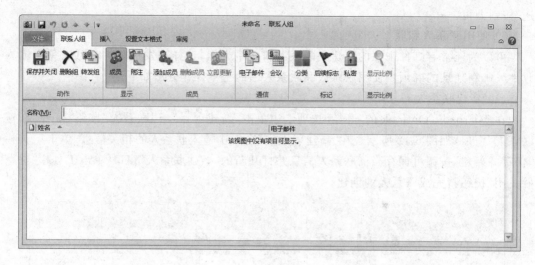

图 6-13　"新建联系人组"窗口

任务 6.2　使用即时通信工具

任务目的

（1）掌握 Internet 即时通信工具的安装和使用方法；

（2）了解企业内部即时通信工具的部署和使用方法。

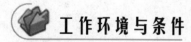

工作环境与条件

（1）安装好 Windows 7 或其他 Windows 操作系统的计算机；

（2）能够接入 Internet 的局域网。

相关知识

即时通信（Instant Message，IM）工具是一种基于 Internet 的即时交流软件，用户通过专门建立的服务器保存网友的在线信息，为每个人取一个数字号码，通过这些号码可以在需要的时候查询对方是否在网上，从而双方可以发送文件、语音视频通话、参与讨论等。自 1998 年面世以来，特别是近几年的迅速发展，即时通信的功能日益丰富，逐渐集成了电子邮件、博客、音乐、电视、游戏和搜索等多种功能。即时通信不再是一款单纯的聊天工具，它已经发展成集交流、资讯、娱乐、搜索、电子商务、办公协作和企业客户服务等为一体的综合化信息平台。

随着移动网络的发展，即时通信也在向移动化扩张。目前，Microsoft、腾讯等即时通信提供商都提供通过手机接入 Internet 即时通信的业务，传统的电信运营商也推出了自己的即时通信工具(如中国移动的飞信),用户可以通过手机与其他已经安装了相应客户端软件的手机或计算机收发消息。

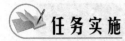
任务实施

操作 1　使用 Internet 即时通信工具

QQ 是腾讯公司开发的 Internet 即时通信工具,它不但可以实时收发信息,还提供了传送文件、语音聊天、视频聊天、游戏等功能,是目前应用最为广泛的 Internet 即时通信工具之一。下面以 QQ 为例,完成 Internet 即时通信工具的基本操作。

1) 安装 QQ 并登录 QQ

QQ 软件的安装方法与其他软件基本相同,这里不再赘述。安装完毕后,双击其在桌面创建的快捷方式即可打开 QQ 的登录对话框,如图 6-14 所示。在该对话框中输入 QQ 号码及相应的密码,单击"登录"按钮即可登录,登录后的 QQ 主界面如图 6-15 所示。

图 6-14　QQ 的"登录"对话框

图 6-15　QQ 主界面

注意:若没有 QQ 号码,可单击 QQ"登录"对话框的"注册账号"超链接,在打开的"QQ 注册"网页中根据提示填写相关信息进行注册。单击"登录"对话框中 QQ 头像右下角的"在线状态"选项,可对登录后的在线状态进行设置,如离开、忙碌、隐身等。另外,为了保证密码安全,在 QQ"登录"对话框的密码文本框右侧提供了"打开软键盘"图标,可单击该图标,通过软键盘进行密码的输入,防止 QQ 密码被恶意软件记忆。

2) 添加好友

登录 QQ 后,如果要与好友聊天,还必须将好友的 QQ 号码添加到好友列表中。添加好友的基本操作方法如下。

（1）单击 QQ 主界面下方的"查找"按钮，打开"查找"窗口，如图 6-16 所示。

图 6-16 "查找"窗口

（2）在"查找"窗口中选择"找人"选项卡，在上方关键词文本框中输入要查找的 QQ 号码、昵称、手机号或邮箱等信息，单击"查找"按钮，会显示查找到的 QQ 好友。

（3）在"查找"窗口中单击查找到的 QQ 好友的头像或昵称，可以查看该好友的相关资料，单击"＋好友"按钮，可以打开"输入验证信息"对话框，如图 6-17 所示。

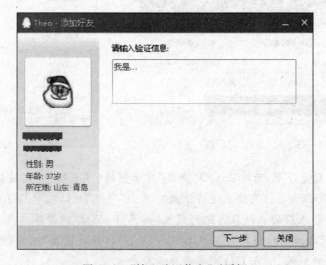

图 6-17 "输入验证信息"对话框

（4）在"输入验证信息"对话框中输入验证信息，单击"下一步"按钮，打开"确认备注姓名和分组"对话框，如图 6-18 所示。

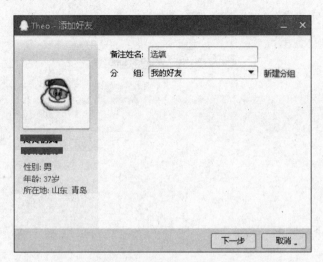

图 6-18　"确认备注姓名和分组"对话框

（5）在"确认备注姓名和分组"对话框中可以为该好友设定备注姓名，默认情况下好友将加入"我的好友"分组中，单击"下一步"按钮，打开"添加请求发送成功"对话框，如图 6-19 所示。

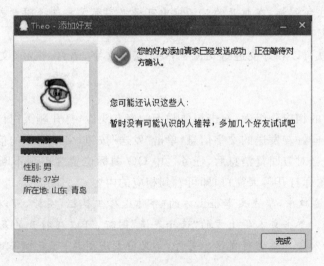

图 6-19　"添加请求发送成功"对话框

（6）在"添加请求发送成功"对话框中可以看到添加请求已经发送成功，单击"完成"按钮，等待对方的确认。

（7）对方确认请求后，在任务栏中 QQ 图标位置会出现不断闪烁的该好友的头像图标，单击该图标，在打开的聊天窗口中将提示已经成为好友，可以开始对话，如图 6-20 所示。同时在 QQ 主界面相应分组中也可以看到添加的好友。

注意：若收到其他 QQ 用户的添加好友请求，任务栏中 QQ 图标位置会出现不断闪烁

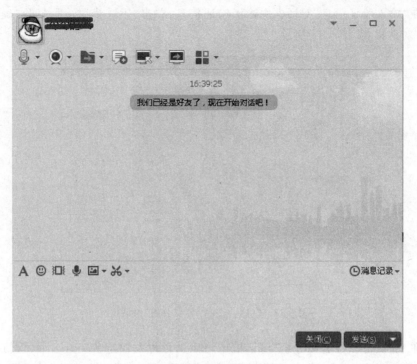

图 6-20　聊天窗口

的小喇叭图标,单击该图标,在打开的对话框中可根据实际需要选择同意或拒绝请求。

3）与好友交流

添加好友后,就可以和好友进行交流了,QQ 支持文字、语音、视频、文件传送等多种交流方式。

（1）文字交流

在 QQ 主界面的相应分组中,双击想要聊天的好友头像,打开聊天窗口。在聊天窗口下方的文本框中输入向好友发送的文字信息,单击"发送"按钮,文本框中的信息会立即出现在上方聊天窗口中。当对方回复消息后,任务栏中 QQ 图标位置会出现不断闪烁的该好友的头像图标,单击该图标打开聊天窗口,即可看到相应的内容。

注意:在聊天窗口中,单击文本框上方的"字体选择工具栏"图标,可以对所发送文字的字体格式进行设置。单击文本框上方的"选择表情"图标,可以在打开的表情选择框中选择表情图片并将其加入文本框进行发送。另外,如果要发送图片,可直接将其粘贴到文本框进行发送。

（2）语音聊天

要实现 QQ 语音聊天必须通过话筒、音箱等输入输出设备。如果要与好友进行语音聊天,可打开聊天窗口,单击窗口上方的"开始语音通话"图标,此时窗口右侧会出现等待对方接受邀请的窗格。对方同意后,窗口右侧窗格将显示连接状态,双方就可以进行语音聊天了。

注意:在聊天窗口中,单击"开始语音通话"图标右侧的下拉箭头,可以对语音进行设置并对话筒、音箱等输入输出设备进行测试;也可以选择"发起多人语音"选项,邀请多个好友进行语音聊天。另外,要结束与好友的语音聊天,可直接单击"挂断"按钮,此时聊天窗口中会显示语音聊天的时长。

（3）视频聊天

要实现 QQ 视频聊天,必须通过摄像头。如果要与好友进行视频聊天,可打开聊天窗口,单击窗口上方的"开始视频通话"图标,打开等待对方接受邀请的视频通话窗口。对方同意后,在视频通话窗口中即可以看到对方摄像头捕捉的画面,同时也会显示本地摄像头捕捉的画面,可以根据需要进行大小的切换。

注意：默认情况下,QQ 视频通话将同时开启语音通话,可在视频通话窗口中对声音的输入输出进行设置。在聊天窗口中,单击"开始视频通话"图标右侧的下拉箭头,可以对视频进行设置,也可以邀请多个好友进行视频聊天或为对方播放影音文件等。另外,要结束与好友的视频聊天,可在视频通话窗口中单击"挂断"按钮,此时聊天窗口中会显示视频聊天的时长。

（4）传送文件

如果要给好友传送文件,可打开聊天窗口,单击窗口上方的"传送文件"图标,在打开的列表中选择"发送文件/文件夹"选项,在打开的"选择文件/文件夹"对话框中选择要传给好友的文件和文件夹,单击"发送"按钮,此时在聊天窗口右侧出现的"传送文件"窗格中将出现发送文件的请求,对方同意后,将显示文件传送的进度。

4）设置 QQ

为了使 QQ 的使用更具特色以及确保 QQ 的基本安全,用户可以对 QQ 进行相应设置。

（1）设置个人资料

用户在申请 QQ 号码时只设置了部分个人信息,可以根据需要对其进行修改和完善。如果要设置个人资料,可在 QQ 主界面的左上角单击 QQ 头像,在打开的对话框中单击"编辑资料"按钮,打开个人资料编辑窗口,如图 6-21 所示。在该窗口中,可以输入个性签名、个人说明、昵称、姓名、生日、电话等个人资料,单击"保存"按钮保存设置。

如果要修改头像,可在如图 6-21 所示窗口中单击 QQ 头像,打开"更换头像"对话框,如图 6-22 所示。在该对话框中可以选择 QQ 提供的经典和动态头像,也可上传本地照片作为头像或自拍头像。

（2）系统设置

如果要对 QQ 进行系统设置,可以单击 QQ 主界面左下方的"打开系统设置"图标,打开"系统设置"对话框,如图 6-23 所示。默认情况下,"系统设置"对话框将显示"基本设置"选项卡,在该选项卡中可以对登录状态、主面板、消息提醒、文件管理等进行设置。如果在"系统设置"对话框中选择"安全设置"选项卡,则可在该选项卡中完成设置密码并申请密码保护、管理消息记录、设置安全防护、设置文件传输级别等操作。如果在"系统设置"对话框中选择"权限设置"选项卡,则可在该选项卡中进行个人资料查看权限、空间访问权限、别人查找你的方式和验证方法、向好友展示的个人状态等进行设置。

注意：以上只完成了 QQ 的基本设置和操作,QQ 的其他功能和操作方法请查阅相关技术手册。除 QQ 外,常用的 Internet 即时通信工具还有很多,请利用 Internet 下载并安装一款其他的 Internet 即时通信工具,熟悉其基本功能和操作方法。

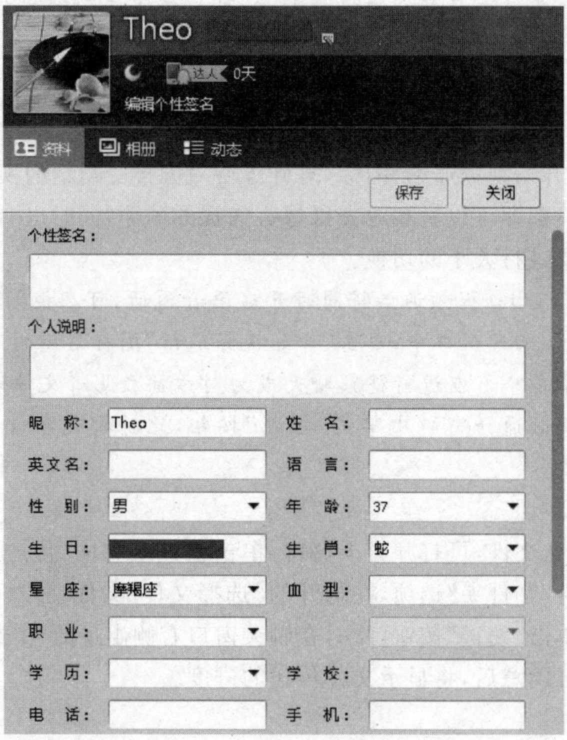

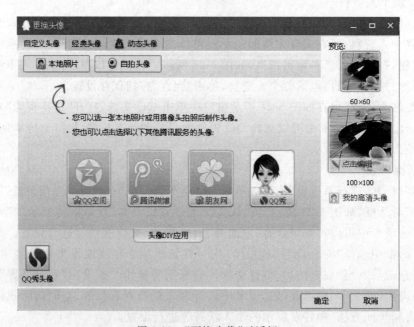

图 6-21　个人资料编辑窗口

图 6-22　"更换头像"对话框

操作 2　使用企业内部即时通信工具

RTX(Real Time eXchange,腾讯通)是腾讯公司推出的企业级实时通信平台。RTX 集

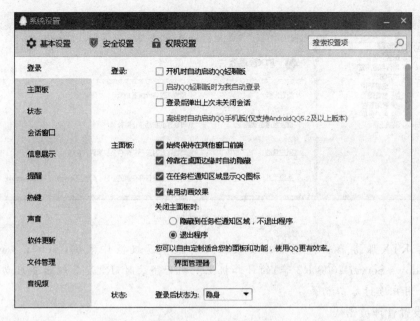

图 6-23　"系统设置"对话框

成了文本会话、语音/视频交流、手机短信、文件传输等丰富的沟通方式,其目的是为企业员工提供更方便的沟通方式,增强企业团队的信息共享和沟通能力,提高工作效率,减少企业内部通信费用和出差频次,从而为企业节省开支,同时也能创造一种新型的企业沟通文化。下面以 RTX 为例,完成企业内部即时通信工具的部署和基本操作。

1) 部署 RTX 服务器

RTX 采用客户机/服务器模式,其基本架构如图 6-24 所示。在企业内部网络中应分别进行 RTX 服务器和 RTX 客户端的安装与设置。

(1) 安装 RTX 服务器软件

RTX 服务器软件的安装方法与其他软件基本相同,这里不再赘述。安装完毕后,双击其在桌面创建的快捷方式,即可打开 RTX 管理器的登录对话框,如图 6-25 所示。初始安装情况下管理员密码为空,登录后的 RTX 管理器主界面如图 6-26 所示。

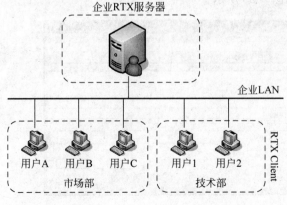

图 6-24　RTX 基本架构

图 6-25　RTX 管理器的登录对话框

153

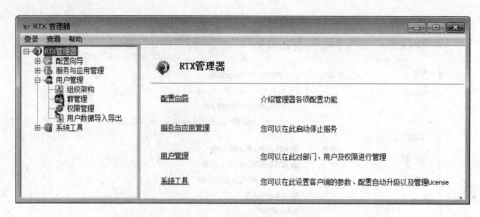

图 6-26　RTX 管理器主界面

注意：RTX 服务器软件通常应安装在装有服务器级操作系统（如 Windows Server 2003、Windows Server 2008 R2 等）的计算机上。初始登录时，RTX 管理器会启动相关配置向导，引导用户进行基本配置。

（2）设置管理员密码

如果不是覆盖安装，RTX 管理器在初始安装时管理员密码默认为空。为了确保安全，首先应设置管理员密码。在 RTX 管理器主界面的左侧窗格中单击配置向导，在右侧窗格出现的配置向导选项中单击"设置超级管理员密码"链接，打开"修改密码"对话框，如图 6-27 所示，在该对话框中即可对管理员密码进行设置。

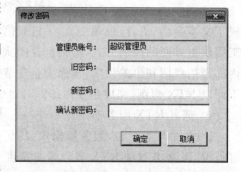

图 6-27　"修改密码"对话框

（3）管理部门组织结构

根据 RTX 的设计原则，RTX 客户端用户可以通过快速部署功能申请 RTX 号码，也可以由系统管理人员架构企业的部门组织结构，分配 RTX 号码，然后才可以由 RTX 客户端进行登录。如果要管理部门组织结构，可在 RTX 管理器主界面的左侧窗格中依次选择"用户管理"→"组织架构"，打开部门架构选项卡，如图 6-28 所示。

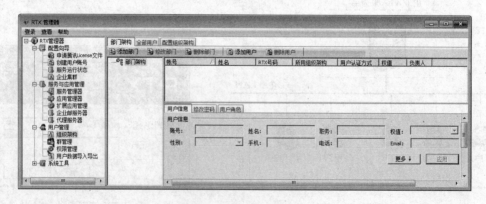

图 6-28　部门架构选项卡

单击部门架构选项卡上方的"添加部门"按钮,可以在打开的"添加部门"对话框中完成部门的添加,如图 6-29 所示。单击部门架构选项卡上方的"添加用户"按钮,可以在打开的"添加用户"对话框中完成用户的添加,如图 6-30 所示。

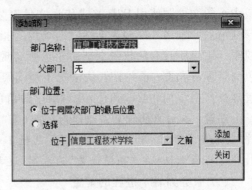

图 6-29 "添加部门"对话框

注意:如果要查看全部用户的信息,可单击部门架构选项卡上方的"全部用户",打开"全部用户"选项卡。另外在部门架构选项卡中选中相应的用户,右击鼠标,可以选择对其进行修改、删除、设为负责人等操作。

(4)设置用户权限

RTX 的权限分为内置权限和应用权限,内置权限是系统针对 RTX 自身功能所设置的权限;应用权限是针对所集成的插件应用功能所配置的权限,暂时还没有添加入口。在 RTX 管理器主界面的左侧窗格中依次选择"用户管理"→"权限管理",打开"权限管理"窗口,如图 6-31 所示。

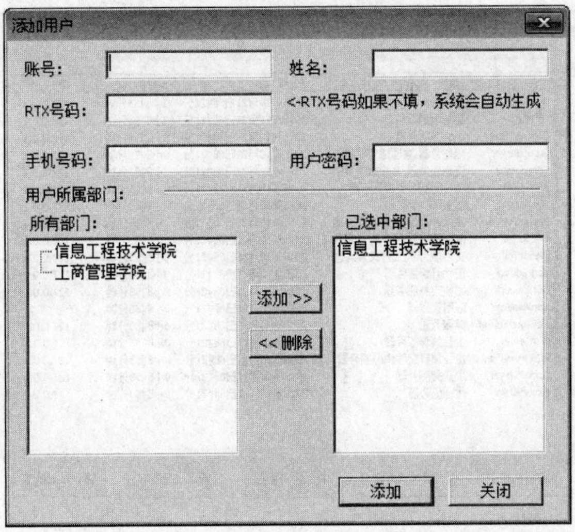

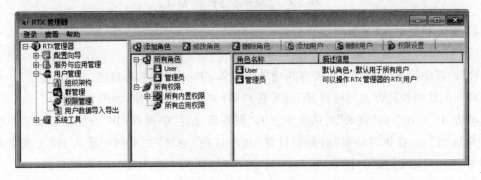

图 6-30 "添加用户"对话框

图 6-31 "权限管理"窗口

在 RTX 的权限列表中包括"修改姓名""发送短信""发起指定人数多人会话""发送指定大小的文件""使用 P2P 方式传送文件""发送全员广播消息""远程登录""发送所属部门广播消息""发送外部多人会话""对外发送指定大小的文件""无限制对外发送文件大小"等权限。用户所具有的权限全部由角色所实现,每个角色拥有不同的权限值。系统默认的角色为管理员和 User,并且默认情况下所有新建用户均属于角色 User。管理员可以在权限管理窗口中添加和修改角色,并对用户的角色进行添加和删除操作。

注意:在为角色设置某权限时,可以有"允许"和"拒绝"两种选择,通常只选择允许("允许"复选框打钩)或不允许("允许"复选框不打钩),而不选择"拒绝"。因为在 RTX 中用户所具有的角色权限以"拒绝优先"为准则,这与 Windows 系统的权限设置相同。

(5) 服务器各个进程的配置

如果要查看 RTX 服务器的各个进程运行是否正常,可在 RTX 管理器主界面的左侧窗格中依次选择"配置向导"→"服务运行状态",打开"服务运行状态"窗口,如图 6-32 所示。在"服务运行状态"窗口中可以看到各服务进程的运行状态,通常使用默认设置即可。如果需要修改某进程的端口,可双击该进程,在打开的"进程基本配置"对话框中设置即可。另外若要停止或启动某进程的运行,可右击该进程并选择相应命令即可。

图 6-32 "服务运行状态"窗口

2) 安装和使用 RTX 客户端

(1) 安装 RTX 客户端

RTX 客户端软件的安装方法与其他软件基本相同,这里不再赘述。安装完毕后,双击其在桌面创建的快捷方式即可打开 RTX 客户端的"登录"对话框,如图 6-33 所示。

单击 RTX 客户端"登录"对话框下方的"服务器设置"链接,打开"服务器设置"对话框,如图 6-34 所示。在该对话框"服务器设置"选项区的"地址"文本框中输入 RTX 服务器的 IP 地址,单击"确定"按钮,在 RTX 客户端"登录"对话框中输入账号和密码后即可登录,登录后的主界面如图 6-35 所示。

图 6-33　RTX "登录" 对话框

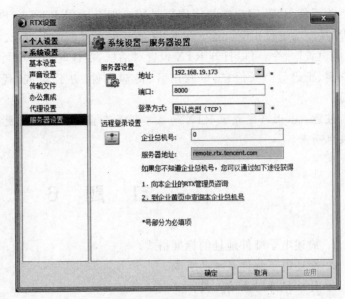

图 6-34　"服务器设置" 对话框

（2）与其他用户交流

在 RTX 客户端主界面中选择"组织架构"，可以看到管理员所设置的各部门名称，打开相应部门可以看到该部门中的用户。双击相应用户，可以打开与该用户的会话窗口，如图 6-36 所示。在 RTX 会话窗口中可以通过文字、视频、语音、传送文件等方式与其他用户进行交流，具体操作方法与 QQ 基本相同，这里不再赘述。

图 6-35　RTX 客户端主界面

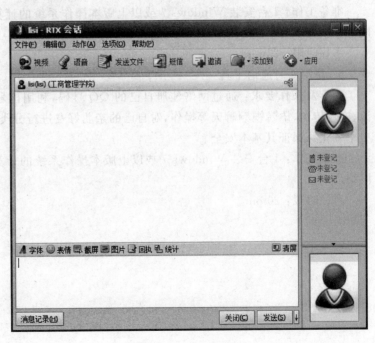

图 6-36　RTX 会话窗口

（3）RTX 客户端设置

为了使 RTX 客户端的使用更具特色以及确保 RTX 客户端的基本安全，用户可以对 RTX 客户端进行相应设置。在 RTX 客户端主界面的上方依次选择"文件"→"个人设置"或"系统设置"命令，可以打开 RTX 设置对话框，在该对话框中可以对基本资料、联系方式、详细资料、密码等个人信息，以及声音、传输文件、办公集成、代理、服务器等系统应用进行设置。

注意：以上只完成了 RTX 的基本设置和操作，RTX 的更多功能和操作方法请查阅相关技术手册。

习　题　6

1. 简述电子邮件地址的标准格式。
2. 简述电子邮件系统的组成。
3. 什么是即时通信工具？
4. 使用电子邮件。

内容及操作要求：

- 在新浪、网易或其他门户网站注册并申请电子邮箱。
- 以 WebMail 方式登录电子邮箱并收发邮件，并将自己的亲朋好友分类添加到通讯录中，以备以后发送邮件使用。
- 在 Microsoft Outlook 或其他邮件客户端程序添加该电子邮箱，利用邮件客户端程序撰写邮件并添加附件，然后将其同时发送到多个好友。

准备工作：1 台安装 Windows 7 或以上版本操作系统的计算机；能够接入 Internet 的网络环境。

考核时限：25min。

5. 使用即时通信工具

内容及操作要求：通过网络注册自己的 QQ 号码，利用该号码与其他好友进行文字交流、文件传送、语音视频聊天等操作，对自己的亲朋好友进行分类管理，进行相关设置使 QQ 更个性化并保证其基本安全。

准备工作：1 台安装 Windows 7 或以上版本操作系统的计算机；能够接入 Internet 的网络环境。

考核时限：20min。

模块 7 网络应用

随着 Internet 技术的普及和深入发展,Internet 技术不断地与传统行业相融合,对传统行业以及人们的工作、学习和生活带来了深刻的变革。电子商务、电子政务、智慧旅游、MOOC 等都是 Internet 技术在传统行业中的典型应用。本模块的主要目标是了解电子商务的相关概念,熟悉网上购物和网上开店基本流程;了解在线网络学习和 MOOC 的相关概念,熟悉利用典型 MOOC 平台进行在线学习的基本方法。

任务 7.1 电子商务

(1) 了解电子商务的相关概念;
(2) 熟悉网上购物的基本流程;
(3) 熟悉网上开店的基本流程。

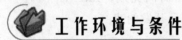

(1) 安装 Windows 7 或其他 Windows 操作系统的计算机;
(2) 能够接入 Internet 的网络环境。

7.1.1 电子商务概述

随着 Internet 的迅速普及,电子商务是 Internet 应用的最大热点。通过 Internet,人们可以通过网络上琳琅满目的商品信息、完善的物流配送系统和安全快捷的资金结算系统进行商品买卖。电子商务在各国或不同的领域有不同的定义,目前对电子商务的定义主要有狭义和广义之分。狭义的电子商务(Electronic Commerce,EC)是指通过使用 Internet 在全球范围内进行的商务贸易活动。广义的电子商务(Electronic Business,EB)是指通过电子手段进行的商业事务活动。无论是广义的还是狭义的电子商务定义都涵盖了两个方面:一是电子商务离不开 Internet 这个平台,没有了 Internet 就不能称之为电子商务;二是电子商务是通过 Internet 完成的是一种商贸活动,如签订电子合同,通过网上银行支付交易费用等。

由于有了信息技术的支撑,电子商务与传统商务相比具有以下特征。

- 跨时空限制:电子商务的市场由 Internet 连接而成,网络的不间断特性使之成为一个与地域及时间无关的一体化市场,世界任何地方的任何人都可以通过 Internet 随时、随地、随意地进行商务活动。
- 交易虚拟化:在电子商务活动中,交易双方从开始洽谈、签约到订货、支付等,均通过 Internet 完成,无须当面进行,整个交易完全虚拟化。
- 成本低廉化:买卖双方通过网络进行商务活动和产品宣传,减少了交易的有关环节,避免了做广告、发印刷品等大量费用。通过网络进行联系与沟通,可以缩短交易时间,降低了信息成本和库存成本。同时,电子商务活动减少了贸易平台的地面店铺,大大降低了店面租金成本。
- 交易透明化:电子商务中双方的洽谈、签约,以及货款的支付、交货的通知等整个交易过程都更加透明,极大地减少了信息不对称的现象,避免了贸易欺骗、不正当交易、暗箱操作等行为。
- 操作方便化:在电子商务环境中,人们可以通过信息化手段,以简便的方式完成过去手续繁杂的商务活动。
- 服务个性化:个性化和定制化是电子商务的重要特点。企业可利用数据挖掘等技术分析消费者的偏好、需求和购物习惯,针对消费者进行研究和活动开发,更好地为他们提供个性化服务。
- 运作高效化:Internet 可以将贸易中的商业报文标准化,使其能在世界各地瞬间完成传递并被自动处理,商务活动中的原料采购、产品生产、需求与销售、银行汇兑、保险、货物托运及申报等过程都无须人员干预,可在最短时间完成。Internet 沟通了供求信息,企业可以对市场需求做出快速反应,提高产品开发的速度。

7.1.2　电子商务的分类

电子商务有多种分类方法,通常根据交易主体的不同主要有以下几种类型。

1. B2B(Business to Business,企业与企业)

B2B 电子商务是指以企业为主体,在企业之间进行的电子商务活动。B2B 主要是针对企业内部以及企业与上下游协力厂商之间的资讯整合,并在 Internet 上进行的企业与企业间交易。借由企业内部网(Intranet)建构资讯流通的基础,及外部网络(Extranet)结合产业的上中下游厂商,达到供应链的整合。因此透过 B2B 的商业模式,不仅可以简化企业内部资讯流通的成本,更可使企业与企业之间的交易流程更快速、更减少成本的耗损。

B2B 电子商务可以在企业之间直接进行,也可以通过第三方电子商务网站平台进行。阿里巴巴、电子电器网、慧聪网等都是支持 B2B 的典型电子商务网站平台。

2. B2C(Business to Customer,企业与消费者)

B2C 就是企业通过网络销售产品或服务给个人消费者,类同于商业电子化的零售商务。B2C 是国内最早产生的电子商务模式,B2C 的电子商务网站非常多,比较典型的有天猫商城、京东商城、苏宁易购、国美在线等。

3. C2C(Consumer to Consumer,消费者与消费者)

C2C 是指消费者与消费者之间的互动交易行为,这种交易方式是多变的。例如消费者可以在某一竞标网站或拍卖网站,由卖方主动提供商品上网拍卖,而买方可以自行选择商品进行竞价,而由价高者。消费者也可以自行在网站或 BBS 上张贴布告以出售二手货品,甚至是新品。诸如此类因消费者间的互动而完成的交易,就是 C2C。淘宝网、拍拍网、易趣网等是典型的 C2C 电子商务网站平台。

4. C2B(Consumer to Business,消费者与企业)

C2B 通常是指消费者根据自身需求定制产品和价格,或消费者主动参与到产品设计和生产过程中。C2B 的核心是通过聚合分散分布但数量庞大的用户形成一个强大的采购集团,以此来改变消费者在 B2C 模式中的弱势地位。对于企业来说,企业可先拿到订单后进行生产,可以大大降低成本,给消费者优质价低的同时,也保障了自己的利润。

5. O2O(Online to Offline,线上与线下)

O2O 是将线下商务交易与 Internet 结合在了一起,让 Internet 成为线下交易的前台,这样线下的服务就可以通过线上来揽客,消费者可以通过线上来筛选服务,成交后还可以在线结算。O2O 的主要特点是推广效果可查,每笔交易可跟踪。相对于 B2C,O2O 更侧重服务性消费,餐饮业和服务业的团购几乎都是 O2O 模式。

7.1.3　电子商务的交易流程

1. 电子商务系统的组成

电子商务涉及网络、用户、银行、认证中心、配送中心和网上银行各个方面。

（1）网络

网络包括 Internet、Intranet、Extranet。Internet 是电子商务的基础,电子商务中所涉及的信息流、物资流和资金流都与 Internet 信息系统紧密相关。Internet 信息系统的主要作用是提供一个开放、安全和可控的信息交换平台,保证企业、组织和个人消费者之间网上交易的实现,是电子商务系统的核心和基石。

（2）用户

电子商务用户包括企业和消费者,一般来说,消费者主要是使用电子商务服务商提供的 Internet 服务来参与交易,而企业除参与交易外,还需要为其他参与交易方提供产品信息查询、商品配送、支付结算等服务和支持。

（3）认证中心

由于电子商务是通过 Internet 进行商务活动,因此确认交易各方身份与保障信息安全就非常重要。认证中心是受法律承认的权威机构,负责发放和管理数字证书。数字证书是一个包含证书持有人、个人信息、公开密钥、证书序号、有效期、发证单位电子签名等内容的数字文件。通过数字证书,可以使交易各方互相确认身份,并通过加密实现安全的信息交换。

（4）配送中心

配送中心即物流中心,主要负责按照送货要求,组织运送无法通过 Internet 直接传送的商品,并跟踪商品流向,确保将其送到用户手中。

（5）网上银行

网上银行负责在 Internet 上实现传统银行的业务,为用户提供实时服务。网上银行通过发放电子钱包,提供各种网上支付手段,为电子商务交易中的用户和商家服务。

2. 电子商务的典型交易流程

不同类型的电子商务其交易流程各不相同。在 B2C 模式中,消费者的典型交易流程如图 7-1 所示。在 C2C 模式中,消费者的典型交易流程如图 7-2 所示。

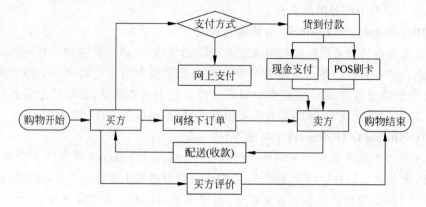

图 7-1　B2C 模式消费者的典型交易流程

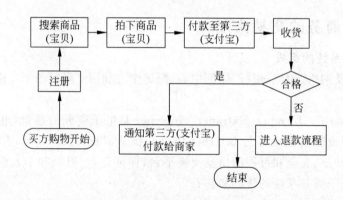

图 7-2　C2C 模式消费者的典型交易流程

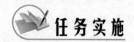

操作 1　网上购物

目前 Internet 上有许多 B2C、C2C 的电子商务网站平台,不少综合性的门户网站也开设了网上商城,消费者可以利用这些平台进行网上购物。下面以淘宝网为例,完成网上购物的基本操作。

1）注册账户

通常要利用电子商务网站平台进行网上购物,需要先注册成为该网站的会员。在淘宝网注册会员的基本操作方法如下。

（1）在浏览器的地址栏中输入 http://www.taobao.com,打开淘宝网首页,如图 7-3 所示。

（2）单击淘宝网主页上方的"免费注册"超链接,打开"账户注册"页面,如图 7-4 所示。

（3）在"账户注册"页面中会首先出现注册协议,阅读协议后单击"同意协议"链接,会要求用户使用手机进行验证。输入手机号码后,单击"下一步"按钮,系统会向相应手机发送校

图 7-3 淘宝网首页

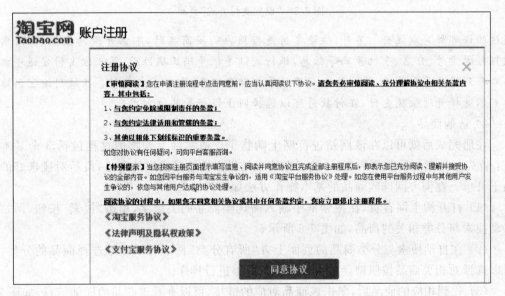

图 7-4 "账户注册"页面

验码,并打开"验证手机"页面。

（4）在"验证手机"页面中输入手机收到的校验码后,单击"下一步"按钮,打开"填写用户信息"页面。

（5）在"填写用户信息"页面中设置登录密码和会员名后,单击"确定"按钮,打开"设置支付方式"页面,如图 7-5 所示。

（6）在"设置支付方式"页面可以为你的账户绑定一张常用银行卡开通快捷支付功能,如果不想绑定银行卡,可单击"跳过,到下一步"链接,打开"恭喜注册成功"页面。该页面中将提示注册成功并显示注册账户的相关信息。

注意：在注册淘宝网账户时,如果选择同时用电子邮箱进行注册,则需要登录电子邮箱

163

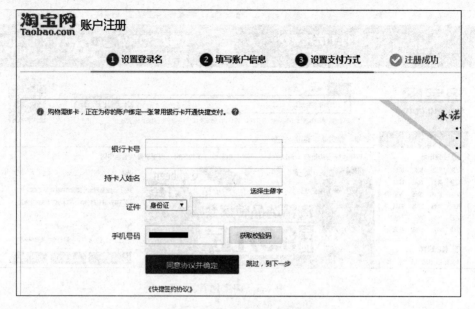

图 7-5 "设置支付方式"页面

通过验证邮件完成注册。另外,快捷支付是指用户购买商品时,不需开通网上银行,只需提供银行卡卡号、户名、手机号码等信息,银行验证手机号码正确性后,第三方支付发送手机动态口令到用户手机号上,用户输入正确的手机动态口令,即可完成支付。在注册淘宝网账户时若不选择开通快捷支付,在付款时可以选择网上银行等其他方式。

2) 选购商品

注册完成后就可以在该网站进行网上购物了。通常网上购物的过程包括 3 个基本环节:首先是搜索想要购买的商品,然后在搜索结果中挑选最满意的商品,最后对挑选好的商品下订单。在淘宝网选购商品的基本操作方法如下。

(1) 打开淘宝网首页,在搜索框中输入需选购商品的关键字,单击"搜索"按钮,网站会自动搜索与分类相关的商品,如图 7-6 所示。

(2) 在自动搜索与分类商品的页面上方"所有分类"栏下可以详细选择商品的分类,也可以选择对相关商品按照销量、上市时间、价格等进行排序。

(3) 找到相应的商品后,单击该商品对应的链接,可以查看该商品的详细信息,如图 7-7 所示。

注意:若同一商品有多个商家在出售,有可能需要选择商家后,才能出现如图 7-7 所示页面。

(4) 在查看商品详细信息页面中,可以看到商品详情、累计评价、成交记录等信息。如果想购买该商品,可在该页面中选择相应商品的颜色、数量、尺寸后,单击"立即购买"按钮,打开"登录"对话框。

注意:如果单击"加入购物车"按钮,选购的商品将存入购物车,用户可以在选购完所有商品后利用购物车对所选商品一并结算。

(5) 在"登录"对话框中输入相应的登录名和登录密码后,单击"登录"按钮,会打开"添加收货地址"页面。

图 7-6　自动搜索与分类商品的页面

图 7-7　查看商品详细信息页面

（6）在"添加收货地址"页面中填写收货地址，单击"保存"按钮，打开"确认订单信息"页面，如图 7-8 所示。

（7）在"确认订单信息"页面中核对所购商品信息和收货地址后，单击"提交订单"按钮，打开"设置支付密码"页面。

（8）在"设置支付密码"页面中设置支付密码，该密码是交易付款或账户信息更改时需输入的密码，不能与淘宝网或支付宝的登录密码相同。设置完成后，单击"确定"按钮，打开选择付款方式页面，如图 7-9 所示。

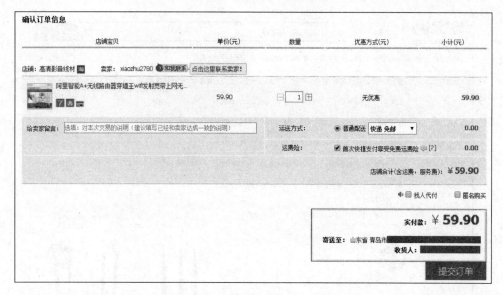

图 7-8 "确认订单信息"页面

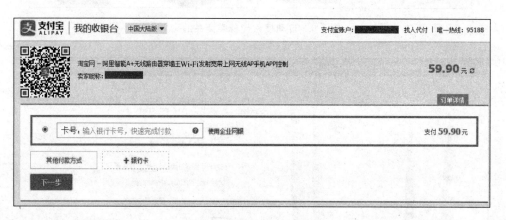

图 7-9 选择付款方式页面

注意：若直接输入卡号，将使用快捷支付。若想使用网上银行，需单击"使用企业网银"链接。

（9）在选择付款方式页面中选择付款方式并输入相应银行卡号，单击"下一步"按钮，系统将自动检测付款环境是否安全并引导用户填写相应信息，完成付款。

（10）完成付款后，系统将显示支付宝已收到付款，并提示用户应确定收到货品后再确认付款。

注意：在淘宝网交易过程中，支付宝起到第三方担保的作用。买家付款到支付宝后，卖家将发货，买家应在收到商品确认无误后通知支付宝付款给卖家。

3）查收商品

购买商品后，可登录网站查看其发货、物流等情况。在淘宝网查收商品的基本操作方法如下。

（1）打开淘宝网首页，单击页面左上角的"亲，请登录"链接，在打开的页面中输入淘宝网账户的登录名和登录密码,登录淘宝网账户。

（2）登录账户后,单击页面上方导航栏的"我的淘宝"→"已买到的宝贝"链接,打开"已买到的宝贝"页面,如图7-10所示。

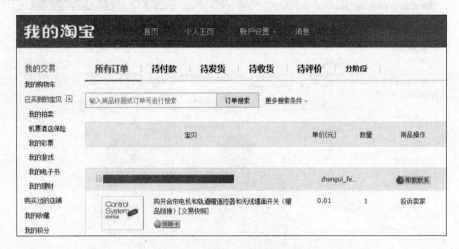

图 7-10　"已买到的宝贝"页面

（3）在"已买到的宝贝"页面中可以看到已买到商品的基本情况,单击相应商品信息栏右侧的"订单详情"链接,可以看到订单的当前交易情况。卖家发货后,单击相应商品信息栏右侧的"查看物流"链接,可以查看商品的物流情况。收到商品并确认无误后,单击相应商品信息栏右侧的"确认收货"链接,可确认收货并对商品的质量、物流、卖家的服务态度等进行评价。

操作 2　网上开店

淘宝网是一个C2C的电子商务网站平台,注册会员后不但可以网上购物,还能自己开店。在淘宝网创建店铺并发布商品的基本操作方法如下。

（1）打开淘宝网首页,登录账户后,单击页面上方导航栏的"卖家中心"→"免费开店"链接,打开"选择开店类型"页面,如图7-11所示。

（2）在"选择开店类型"页面中选择开店类型,个人用户可单击"个人开店"链接,打开"申请开店认证"页面,如图7-12所示。

注意：若只想发布自己的闲置物品,可单击"选择开店类型"页面下方"出售二手闲置"中的"发布商品"链接。

（3）申请开店需要进行支付宝实名认证和淘宝开店认证,可单击相应认证"操作"栏中的相应链接,根据提示以此进行认证,认证完成后单击"创建店铺"链接即可创建店铺,并可根据需要完善店铺信息。

注意：在进行开店认证时可以选择计算机认证或手机认证。若选择计算机认证,则需要填写真实姓名、身份证号码、身份证到期时间、拍摄好的手持身份证照片和身份证正反面照片、联系地址、联系方式等信息。

（4）店铺创建成功后,单击"卖家中心"页面左侧"宝贝管理"中的相应链接,可以在打开的页面中发布商品,查看出售中和仓库中的商品。单击"交易管理""物流管理""客户服务"中的相应链接,可以对商品的评价、物流、售后等进行操作和管理。

图 7-11 "选择开店类型"页面

图 7-12 "申请开店认证"页面

注意：以上只完成了在淘宝网进行网上购物和网上开店的基本操作，更复杂的操作请查阅相关技术手册。除淘宝网外，常用的电子商务网站平台还有很多，请利用 Internet 注册并登录其他常用电子商务网站平台，体验其基本功能和操作方法。

任务 7.2 在线网络学习

任务目的

（1）理解在线网络学习的基本概念和主要特点；
（2）理解 MOOC 的基本概念和主要特点；
（3）熟悉常用 MOOC 平台的使用方法。

工作环境与条件

（1）安装好 Windows 7 或其他 Windows 操作系统的计算机；
（2）能够接入 Internet 的网络环境。

相关知识

7.2.1 在线网络学习概述

在线网络学习也称网络化学习，它是通过网络建立由多媒体网络学习资源、网上学习社区及网络技术平台构成的全新学习环境，学员应用网络进行在线学习的一种学习方式。相对于其他的学习模式，在线网络学习具有以下优势。

- 资源利用最大化：通过网络，各种教育资源跨越了空间距离的限制，最优秀的教师、最好的教学成果可以传播到四面八方，教育成为可以超出校园向更广泛的地区辐射的开放式教育。
- 学习形式交互化：通过网络，教师与学员、学员与学员之间可以进行全方位的交流，拉近了教师与学员的心理距离。通过对学员提问类型、人数、次数等进行的数据分析，可以使教师更准确地了解学员在学习中遇到的主要问题，更有针对性地对学员进行指导。
- 教学形式个性化：利用计算机网络的数据库管理技术和双向交互功能，可以对每个学员的个人资料、学习过程等实现完整的跟踪记录，针对不同学员提出个性化的学习建议。学员们可根据各自的水平、按各自的速度、以自己喜欢的方式学习。在线网络学习为个性化教学提供了现实有效的实现途径。
- 教学管理自动化：学员的咨询、报名、选课、查询、作业与考试管理等都可以通过网络远程交互的方式完成。

当然，在线网络学习的特点决定了学员的大部分学习时间与教师、同学是分离的，没有教室,更没有课堂的现实氛围,这会使得许多刚刚开始在线网络学习的学员不可避免地遇到一些困难。因此,要适应在线网络学习,学习者通常应注意以下几个方面。

- 掌握计算机与计算机网络的基本操作技能。
- 具有较强的学习动机和较明确的学习目的,保持自发的学习动力。
- 学会调整自己的学习情感,能够在开放的网络平台中主动参与讨论和交流。
- 能够制订自己的学习计划,具备主动探索、主动思考的自我学习能力。

7.2.2 MOOC 概述

MOOC(Massive Open Online Course,大规模开放在线课程)也称 MOOCs,中文名为慕课,它起源于加拿大,是近年来出现的一种在线网络课程开发模式。MOOC 把以视频为主且具有交互功能的网络课程免费发布到 Internet 上,供全球众多学员学习。从技术层面看,MOOC 主要具有以下特征。

- 以"短视频(一般 10 分钟左右)+交互式练习"为基本教学单元的学习模式。这种"碎片化"的基本教学元素构成了一个动态可控的有机体,有利于学员记忆与理解,也使学员对学习节奏具有一定的控制权和主动性。
- 交互式练习的即时反馈。MOOC 课程的学习者是社会上的海量人群。交互式练习即时反馈技术在 MOOC 教学过程中起到了举足轻重的作用。学员在按照课程要求完成习题并提交答案后,MOOC 技术平台应立即对其正确性予以评判并打分。这种方式摆脱了传统在线教育模式中单向提供学习材料和灌输式学习的局限,有助于及时检查学生的学习效果,也有助于提高学生的学习兴趣和督促学生学习。
- 基于大数据的个性化服务。每个学员在整个学习过程中对全部学习对象(包括短视频、交互式练习等)的全部学习行为都会被 MOOC 技术平台自动记录下来。数以百万计的学员在线学习的相关数据将会汇集成"学习大数据"。通过系统性的数据挖掘,教师可随时掌握学员的学习状况并能及时进行反馈指导,可持续改进课程教学内容和教学环节设计,实现"因材施教"式的个性化学习服务。
- 依托网络学习社区的互动交流。通过在学习社区的互动交流,可以提高学员的学习兴趣和动力。另外,依靠学习社区的群体智慧,可以在一定程度上解决某些交互式练习难以自动评判和打分的问题。例如,当学员完成并提交一篇分析性文章时,计算机无法对其自动分析,此时就可以依靠社交网络,让学员之间互相评判和打分。
- 如校内课堂般的线上课程组织方式。MOOC 课堂试图给学员营造一种与校内课程类似的学习环境,MOOC 课堂通常会定期开课,学员需要跟上教师的教学节奏与进度,同时要按时完成作业并通过各种测验。

 任务实施

目前国外的 MOOC 课程平台相对成熟,主要有 Coursera、Udacity、edX 等。国内的 MOOC 平台较多,主要有学堂在线、网易云课堂、中国大学 MOOC 等。学堂在线是由清华大学研发出的中文 MOOC 平台,面向全球提供包括清华大学、北京大学、麻省理工学院、斯坦福大学等国内外高校的在线课程,涵盖计算机、经济管理、理学、文学、历史、艺术等多个领域,任何拥有上网条件的学员均可通过该平台学习相关课程。下面以学堂在线为例,完成常用 MOOC 平台的基本操作。

操作 1　注册账号

通常要利用 MOOC 平台进行在线网络学习,需要先注册成为该网站的会员。在学堂在线注册会员的基本操作方法如下。

(1) 在浏览器的地址栏中输入 http://www.xuetangx.com/,打开学堂在线首页,如图 7-13 所示。

图 7-13　学堂在线首页

(2) 单击学堂在线首页右上角的"注册"链接,打开注册页面。学堂在线支持使用邮箱和手机注册,基本注册过程与其他网站基本相同,这里不再赘述。

(3) 注册成功并登录后,单击首页右上角的"我的主页"链接,可以打开个人主页,如图 7-14 所示。在该页面中可以对自己的学习情况进行查看和管理。

操作 2　选择课程

在 MOOC 平台注册账号后,就可以根据自己的需要,选择要学习的课程了。在学堂在线选择课程的基本操作方法如下。

(1) 登录并打开个人主页,在个人主页中单击"查找课程"链接,打开课程页面,如图 7-15 所示。

(2) 在课程页面中可以根据导航查找相应的课程,也可以通过在页面上方的搜索栏中输入课程的关键字搜索课程。

(3) 找到相应课程后,单击该课程的图标或名称就可以查看该课程的课程简介,如图 7-16 所示。

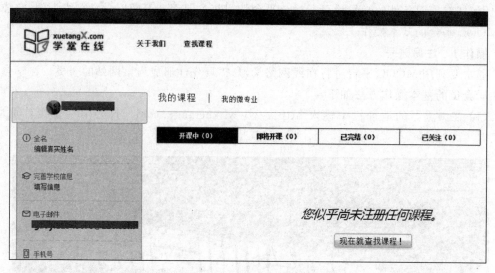

图 7-14 "我的主页"页面

图 7-15 课程页面

（4）如果要选择该课程，可在其课程简介页面中单击"加入课程"链接，加入课程后会打开该课程的课程信息页面，如图 7-17 所示。

操作 3 课程学习

在 MOOC 平台选择课程后，就可以对该课程进行学习了。在学堂在线上进行课程学习的基本操作方法如下。

（1）课程正式开课后，进入该课程主页，单击主页左上方的"课件"链接，打开该课程的课件页面，如图 7-18 所示。

（2）在课件页面的左侧将出现按章节排序的知识点，每个知识点是一小段视频，单击相应知识点的名称，即可播放对应视频进行学习。

图 7-16　课程简介页面

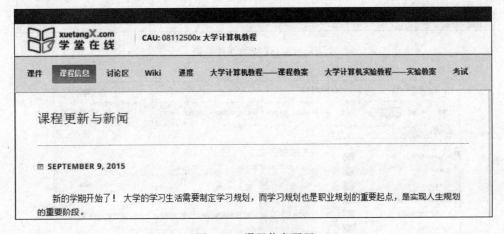

图 7-17　课程信息页面

（3）在课程主页上方，还有讨论区、进度、Wiki、考试等栏目。单击"讨论区"链接，可以进入课程讨论区，如图 7-19 所示。选择课程的学员都可以在课程讨论区向老师和助教提问，并参与相关话题的讨论和交流。

（4）单击 Wiki 链接，可以打开课程的 Wiki 页面。Wiki 源于夏威夷语"wee kee wee kee"，原意是"快点快点"，中文一般译为"维基"。Wiki 是一种可多人协作探讨问题的超文本写作工具环境，支持多人协作维护探讨问题，每个人既可发表自己的见解，也可对同样主题进行延伸发挥和讨论。

注意：以上只完成了在学堂在线上进行选课和课程学习的基本操作，更多的操作请查阅相关说明文件。除学堂在线外，常用的 MOOC 和其他在线网络学习平台还有很多，请利

173

用 Internet 注册并登录其他常用在线网络学习平台,体验其基本功能和操作方法。

图 7-18　课程的课件页面

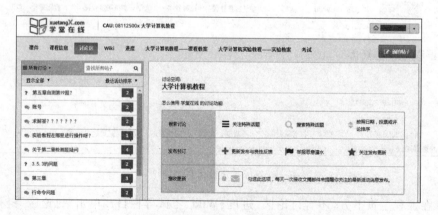

图 7-19　课程的讨论区页面

习　题　7

1. 电子商务与传统商务相比具有哪些特征?
2. 根据交易主体的不同,电子商务可以分为哪些类型?
3. 简述在 C2C 模式中消费者的典型交易流程。

4. 什么是 MOOC？MOOC 主要具有哪些特征？

5. 电子商务应用。

内容及操作要求：假设你将于下周一到北京出差，希望从青岛流亭国际机场乘飞机到北京，并于当晚入住某经济型酒店（住宿选择标准间，费用在 300 元/天以内）。请利用电子商务实现上述业务。

准备工作：1 台安装 Windows 7 或以上版本操作系统的计算机；能够接入 Internet 的网络环境。

考核时限：25min。

模块 8　保障 Internet 访问的安全

随着 Internet 的不断普及,网络资源和网络应用服务日益丰富,Internet 访问的安全问题已经成为用户关注的焦点问题。在用户访问 Internet 的过程中,必须采取相应措施,保证网络系统连续可靠正常地运行,并且应保护系统中的硬件、软件及数据,使其不因偶然的或者恶意的原因而遭受到破坏、更改、泄露。本模块的主要目标是了解常用的网络安全技术;熟悉加固与优化操作系统的基本方法;理解防火墙、防病毒软件和加密工具的作用并能够安装使用以保障 Internet 访问的安全。

任务 8.1　了解常用的网络安全技术

 任务目的

(1) 了解计算机网络面临的安全风险;
(2) 了解常见的网络攻击手段;
(3) 理解计算机网络采用的主要安全措施。

 工作环境与条件

(1) 安装好 Windows 7 或其他 Windows 操作系统的计算机;
(2) 能够正常运行的网络环境(建议使用 VMware 等虚拟机软件);
(3) 典型密码破解工具和木马攻击工具。

 **相关知识**

计算机网络的安全性问题实际上包括两方面:一是网络的系统安全;二是网络的信息安全。由于计算机网络最重要的资源是它向用户提供的服务及所拥有的信息,因而计算机网络的安全性可以定义为:保障网络服务的可用性和网络信息的完整性。前者要求网络向所有用户有选择地随时提供各自应得到的网络服务,后者则要求网络保证信息资源的保密性、完整性和可用性。

8.1.1　网络面临的安全威胁

计算机网络是一个虚拟的世界,而其建设初衷是为了方便快捷地实现资源共享,因此网络安全的脆弱性是计算机网络与生俱来的致命弱点,可以说没有任何一个计算机网络是绝对安全的。计算机网络面临的安全威胁主要有以下方面。

1. 网络结构的缺陷

在现实应用中,大多数网络的结构设计和实现都存在着安全问题,即使是看似完美的安全体系结构,也可能会因为一个小小的缺陷或技术的升级而遭到攻击。另外网络结构体系中的各个部件如果缺乏密切的合作,也容易导致整个系统被各个击破。

2. 网络软件和操作系统的漏洞

网络软件不可能不存在缺陷和漏洞,这些缺陷和漏洞恰恰成为网络攻击的首选目标。另外,网络软件通常需要用户进行配置,用户配置的不完整和不正确都会造成安全隐患。

操作系统是网络软件的核心,其安全性直接影响到整个网络的安全。然而无论哪一种操作系统,除存在漏洞外,其体系结构本身就是一种不安全因素。例如,由于操作系统的程序都可以用打补丁的方法升级和进行动态链接,对于这种方法,产品厂商可以使用,网络攻击者也可以使用,而这种动态链接正是计算机病毒产生的温床。另外操作系统可以创建进程,被创建的进程具有可以继续创建进程的权力,加之操作系统支持在网络上传输文件、加载程序,这就为在远程服务器上安装间谍软件提供了条件。目前网络操作系统提供的远程过程调用(RPC)服务也是网络攻击的主要通道。

3. 网络协议的缺陷

网络通信是需要协议支持的,目前普遍使用的协议是 TCP/IP 协议,而该协议在最初设计时并没有考虑安全问题,不能保证通信的安全。例如 IP 协议是一个不可靠无链接的协议,其数据包不需要认证,也没有建立对 IP 数据包中源地址的真实性进行鉴别和保密的机制,因此网络攻击者就容易采用 IP 欺骗的方式进行攻击,网络上传输的数据的真实性也就无法得到保证。

4. 物理威胁

物理威胁是不可忽视的影响网络安全的因素,它可能来源于外界有意或无意的破坏,如地震、火灾、雷击等自然灾害,以及电磁干扰、停电、偷盗等事故。计算机和大多数网络设备都属于比较脆弱的设备,不能承受重压或强烈的震动,更不能承受强力冲击,因此自然灾害对计算机网络的影响非常大,甚至是毁灭性的。计算机网络中的设备设施也会成为偷窃者的目标,而偷窃行为可能会造成网络中断,其造成的损失可能远远超过被偷设备本身的价值,因此必须采取严格的防范措施。

5. 人为的疏忽

不管什么样的网络系统都离不开人的使用和管理。如果网络管理人员和用户的安全意识淡薄,缺少高素质的网络管理人员,网络安全配置不当,没有网络安全管理的技术规范,不进行安全监控和定期的安全检查,都会对网络安全构成威胁。

6. 人为的恶意攻击

这是计算机网络面临的最大安全威胁,主要包括非法使用或破坏某一网络系统中的资源,以及非授权使得网络系统丧失部分或全部服务功能的行为。人为的恶意攻击通常具有以下特性。

- 智能性:进行恶意攻击的人员大都具有较高的文化程度和专业技能,在攻击前都会经过精心策划,操作的技术难度大、隐蔽性强。

- 严重性：人为的恶意攻击很可能会构成计算机犯罪，这往往会造成巨大的损失，也会给社会带来动荡。例如 2003 年美国一个专门为商店和银行处理信用卡交易的服务器系统遭到攻击，万事达、维萨等信用卡组织的约 800 万张信用卡资料被窃取，其影响惊动全美国。

- 多样性：随着网络技术的迅速发展，恶意攻击行为的攻击目标和攻击手段也不断发生变化。由于经济利益的诱惑，目前恶意攻击行为主要集中在电子商务、电子金融、网络上的商业间谍活动等领域。

8.1.2　常见的网络攻击手段

网络攻击是指某人非法使用或破坏某一网络系统中的资源，以及非授权使得网络系统丧失部分或全部服务功能的行为，通常可以把这类攻击活动分为远程攻击和本地攻击。远程攻击一般是指攻击者通过 Internet 对目标主机发动的攻击，其主要利用网络协议或网络服务的漏洞达到攻击的目的。本地攻击主要是指本单位的内部人员或通过某种手段已经入侵到本地网络的外部人员对本地网络发动的攻击。网络攻击通常可以采用以下手段。

1. 扫描攻击

扫描是网络攻击的第一步，主要是利用专门工具对目标系统进行扫描，以获得操作系统种类或版本、IP 地址、域名或主机名等有关信息，然后分析目标系统可能存在的漏洞，找到开放端口后进行入侵。扫描应包括主机扫描和端口扫描，常用的扫描方法有手工扫描和工具扫描。

2. 安全漏洞攻击

主要利用操作系统或应用软件自身具有的 Bug 进行攻击。例如可以利用目标操作系统收到了超过它所能接收到的信息量时产生的缓冲区溢出进行攻击等。

3. 口令入侵

通常要攻击目标时，必须破译用户的口令，只要攻击者能猜测用户口令，就能获得机器访问权。要破解用户的口令通常可以采用以下方式。

- 通过网络监听，使用 Sniffer 工具捕获主机间通信来获取口令。
- 暴力破解，利用 John the Ripper、Lopht Crack5 等工具破解用户口令。
- 利用管理员失误，网络安全中人是薄弱的一环，因此应提高用户、特别是网络管理员的安全意识。

4. 木马程序

木马是一个通过端口进行通信的网络客户机/服务器程序，可以利用某种方式使木马程序的客户端驻留在目标计算机里并随系统启动而启动，从而实现对目标计算机远程操作。

5. DoS 攻击

DoS(Denial of Service，拒绝服务攻击)的主要目标是使目标主机耗尽系统资源(带宽、内存、队列、CPU 等)，从而阻止其授权用户的正常访问(慢、不能连接、没有响应)，最终导致目标主机死机。

8.1.3　常用的网络安全措施

网络安全涉及各个方面，在技术方面包括计算机技术、通信技术和安全技术；在安全基础理论方面包括数学、密码学等多个学科；除了技术之外，还包括管理和法律等方面。解决网络安全问题必须进行全面的考虑，包括：采取安全的技术、加强安全检测与评估、构筑安全体系结构、加强安全管理、制定网络安全方面的法律和法规等。从技术上，目前网络主要采用的安全措施如下。

1. 访问控制

对用户访问网络资源的权限进行严格的认证和控制。例如，进行用户身份认证，对密码进行加密、更新和鉴别，设置用户访问目录和文件的权限，控制网络设备配置的权限等。

2. 数据加密

加密是保护数据安全的重要手段。加密的作用是保障信息被人截获后不能读懂其含义。

3. 数字签名

简单地说，所谓数字签名就是附加在数据单元上的一些数据，或是对数据单元所做的密码变换。这种数据或变换可以使接收者确认数据单元的来源和完整性并保护数据，防止数据在传输过程中被伪造、篡改和否认。

4. 数据备份

数据备份是容灾的基础，是指为防止系统出现操作失误或系统故障导致数据丢失，而将全部或部分数据集合从应用主机的磁盘或磁盘阵列复制到其他存储介质的过程。

5. 病毒防御

网络中的计算机需要共享信息和文件，这为计算机病毒的传播带来了可乘之机，因此必须构建安全的病毒防御方案，有效控制病毒的传播和爆发。

6. 系统漏洞检测与安全评估

系统漏洞检测与安全评估系统可以探测网络上每台主机乃至网络设备的各种漏洞，从系统内部扫描安全隐患，对系统提供的网络应用和服务及相关协议进行分析和检测。

7. 部署防火墙

防火墙系统决定了哪些内部服务可以被外界访问，外界的哪些用户可以访问内部的哪些服务，哪些外部服务可以被内部用户访问等。要使一个防火墙有效，所有来自和去往 Internet 的信息都必须经过防火墙，接受防火墙的检查。防火墙只允许授权的数据通过，并且防火墙本身也必须能够免于渗透。

8. 部署 IDS

IDS(Intrusion Detection Systems，入侵检测系统)会依照一定的安全策略，对网络、系统的运行状况进行监视，尽可能发现各种攻击企图、攻击行为或者攻击结果，以保证网络系统资源的机密性、完整性和可用性。不同于防火墙，IDS 是一个监听设备，没有跨接在任何链路上，无须网络流量流经它便可以工作。

9. 部署 IPS

IPS(Intrusion Prevention System，入侵防御系统)突破了传统 IDS 只能检测不能防御入侵的局限性，提供了完整的入侵防护方案。实时检测与主动防御是 IPS 的核心设计理念，也是其区别于防火墙和 IDS 的立足之本。IPS 能够使用多种检测手段，并使用硬件加速技术进行深层数据包分析处理，能高效、准确地检测和防御已知、未知的攻击，并可实施丢弃数据包、终止会话、修改防火墙策略、实时生成警报和日志记录等多种响应方式。

10. 部署 VPN

VPN(Virtual Private Network,虚拟专用网络)是通过公用网络(如 Internet)建立的一个临时的、专用的、安全的连接,使用该连接可以对数据进行几倍加密达到安全传输信息的目的。VPN 是对企业内部网的扩展,可以帮助远程用户、分支机构、商业伙伴及供应商同企业内部网建立可靠的安全连接,保证数据的安全传输。

11. 部署 UTM

UTM(Unified Threat Management,统一威胁管理)是指由硬件、软件和网络技术组成的具有专门用途的设备,主要提供一项或多项安全功能,同时将多种安全特性集成于一个硬件设备里,形成标准的统一威胁管理平台。UTM 设备应具备的基本功能包括网络防火墙、网络入侵检测和防御以及网关防病毒等。

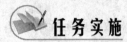 **任务实施**

操作 1　体验账户密码的破解

SMB Cracker 是一款速度极快的基于 Windows 的命令行工具,使用该工具可以通过 TCP 139 端口的 NetBIOS 会话服务对给定的账户密码进行暴力破解。其基本使用方法如下。

SMBCracker <IP> <Username> <Password file>

其主要参数说明如下。

* <IP>:目标主机 IP 地址;
* <Username>:待破解的用户账户;
* <Password file>:字典文件。

若已知网络中某 Windows 服务器的 IP 地址为"192.168.0.8",该计算机管理员账户为 administrator,现要使用 SMB Cracker 破解该账户的密码,则基本操作步骤如下。

(1) 制作字典文件。字典文件是能否实现密码破解的关键,可以根据对密码的猜测自行编写,也可以利用相关工具自动生成。图 8-1 所示为用记事本程序打开的字典文件。

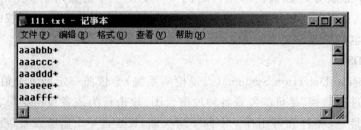

图 8-1　用记事本程序编写的字典文件

(2) 将 SMBCracker.exe 文件和字典文件存放到同一目录。

(3) 依次选择"开始"→"所有程序"→"附件"→"命令提示符"命令,打开命令行窗口,利用 DOS 命令进入 SMBCracker.exe 所在目录。

(4) 输入命令"SMBCracker 192.168.0.8 administrator 111.txt",如图 8-2 所示。

(5) SMB Cracker 将自动运行,如果成功破解用户账户密码,将出现如图 8-3 所示的画面。

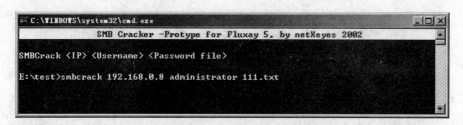

图 8-2　利用 SMB Cracker 破解账户密码

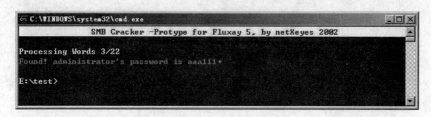

图 8-3　成功破解用户账户密码

注意：能用来破解账户密码的工具很多，Windows 系统本身也不断采取措施限制相关工具的运行。请通过 Internet 搜索其他密码破解工具和字典生成工具，了解其基本使用方法，思考应如何保护主机账户密码的安全。

操作 2　体验木马攻击

1）认识冰河木马

冰河木马是一个国产的木马程序，通常有 3 个文件组成，其中 G-Client.exe 为客户端程序，G-Server.exe 为服务器端程序，还有一个 Readme.txt。其具体功能包括以下几方面。

* 自动跟踪目标计算机屏幕变化，同时可以模拟键盘及鼠标输入。
* 记录开机密码、各种共享资源密码及绝大多数在对话框中出现过的密码信息。
* 获取系统信息：包括计算机名、注册公司、当前用户、系统路径、操作系统版本、当前显示分辨率、物理及逻辑磁盘信息等。
* 限制系统功能：包括远程关机和重启、锁定鼠标、锁定系统热键及锁定注册表等。
* 远程文件操作：包括创建、上传、下载、复制、删除文件或目录，文件压缩，快速浏览文本文件，远程打开文件等。
* 注册表操作：包括对主键的浏览、增删、复制、重命名和对键值的读写等。
* 发送信息：以四种常用图标向被控端发送简短信息。
* 点对点通信：以聊天室形式同被控端进行在线交谈。

2）配置服务器端程序

（1）双击客户端程序 G-Client.exe，打开客户端程序主窗口，如图 8-4 所示。

（2）依次选择"设置"→"配置服务器程序"命令，打开"服务器配置"对话框，该对话框包括"基本配置""自我保护"及"邮件通知"3 个选项卡，"基本配置"选项卡如图 8-5 所示。在"基本配置"选项卡中，可以设置以下内容。

* 安装路径：设置服务器端程序的安装路径，若选择"Windows"，则服务器端程序将安装在"％systemroot％\system"（％systemroot％为系统安装文件夹）下。

181

图 8-4　冰河客户端程序主窗口

- 文件名称：设置服务器端程序安装之后的文件名，通常会把服务器的名称设置为不容易被识破的名称。
- 进程名称：设置服务器端程序运行后的进程名称。
- 访问口令：客户端监控服务器时需要使用的密码。
- 监听端口：默认为 7626，可以改成其他的端口。
- 自动删除安装文件选项：若选中，则在服务器端程序安装后会自动删除安装程序。
- 禁止自动拨号：若选中，则服务器端程序不会自动拨号。

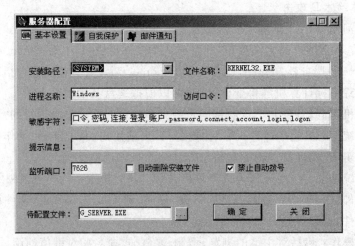

图 8-5　"基本配置"选项卡

（3）选择"自我保护"选项卡，如图 8-6 所示。在该选项卡中，可以设置以下内容。
- 是否写入注册表启动项，以便使程序在开机时自动加载。
- 是否将程序与文件类型相关联，以便被删除后在打开相关文件时自动恢复。

（4）选择"邮件通知"选项卡，如图 8-7 所示。在该选项卡中可以设置以下内容。
- SMTP 服务器：发送邮件通知的服务器。
- 接收信箱：接收邮件通知的信箱。
- 邮件内容：包括系统信息、开机口令、缓存口令及共享资源信息等。

（5）配置完成后，单击"确定"按钮，在弹出的对话框中单击"是"按钮，完成对服务器端

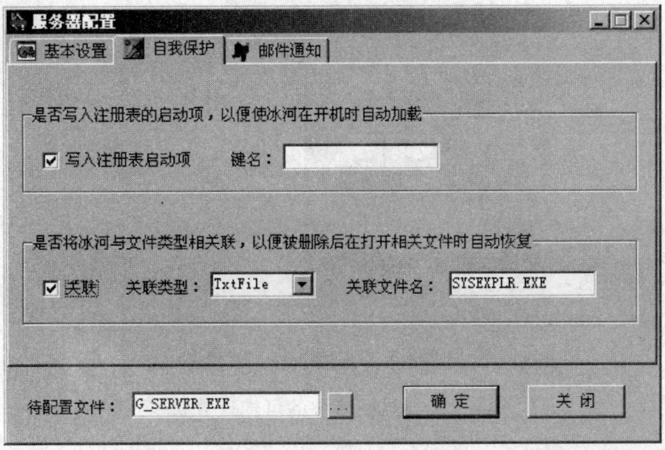

图 8-6　"自我保护"选项卡

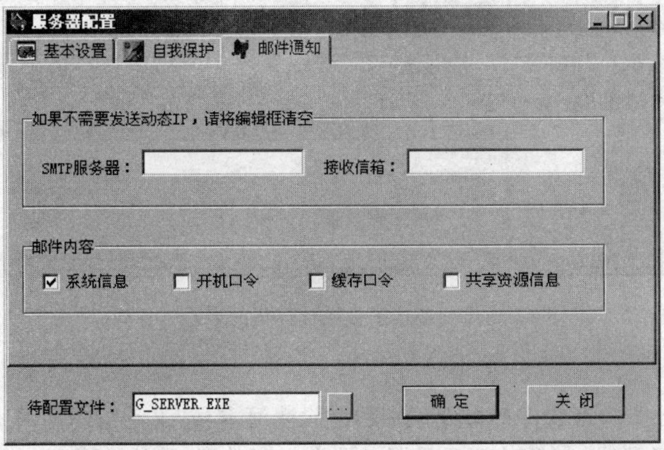

图 8-7　"邮件通知"选项卡

程序的设置。

3）将服务器端程序植入目标计算机

服务器端程序配置完成后，可以采用将其重命名、与其他程序合并等多种方法植入目标计算机。具体的实现方法请查阅相关资料，这里不再赘述。

4）扫描可控计算机

在本地计算机中双击客户端程序 G-Client.exe，打开客户端程序主窗口，单击"自动搜索"按钮，打开"搜索计算机"对话框。输入需要搜索的范围后，单击"开始搜索"按钮，即可对网络中的可控计算机进行扫描，如图 8-8 所示。

5）使用木马进行远程控制

在客户端程序主窗口，单击"添加主机"按钮，在弹出的对话框中输入被控计算机的显示名称、主机地址、访问口令和监听端口，单击"确定"按钮，此时若成功连接，则在客户端窗口中会显示被控计算机的硬盘分区，如图 8-9 所示。此时就可以对该计算机进行远程控制了。由于冰河木马的各种远程控制操作非常简单，这里不再赘述。

图 8-8　扫描网络中的可控计算机

图 8-9　成功连接了被控计算机的客户端窗口

6）清除冰河木马

目前绝大部分防病毒软件都可以识别和清除冰河木马，手动清除冰河木马的方法如下。

- 使用任务管理器，关闭冰河木马服务器端程序进程，默认情况下为"Kernel32. exe"。
- 删除硬盘中的可执行文件，默认情况下为"%systemroot%\sysytem\Kernel32. exe"。
- 删除产生木马的源文件。
- 删除注册表"HKEY_LOCAL_MACHINE\Software\Microsoft\Windows\Current Version\Run"下的键值。
- 如果服务器端程序设置了与文件类型相关联，则还要修改注册表中相关文件类型的默认打开程序的设置。

任务 8.2　操作系统的加固与优化

 任务目的

（1）掌握用户账户的安全设置方法；

（2）理解 NTFS 权限与 NTFS 权限的应用规则；

（3）能够利用 NTFS 权限实现文件夹和文件的访问安全；

（4）熟悉常用系统优化软件的使用方法。

 工作环境与条件

（1）安装好 Windows 7 或其他 Windows 操作系统的计算机；

（2）能够正常运行的网络环境；

（3）常用系统优化软件。

 相关知识

8.2.1 Windows 系统的安全访问组件

Windows 系统的安全包括 6 个主要的安全元素：审计（Audit）、管理（Administration）、加密（Encryption）、访问控制（Access Control）、用户认证（User Authentication）、公共安全策略（Corporate Security Policy）。为了保证系统的安全访问，Windows 安全子系统包含以下关键组件。

1. 安全标识符（Security Identifiers）

安全标识符就是平常所说的 SID。当在 Windows 系统中创建了一个用户或组的时候，系统会分配给该用户或组一个唯一的 SID。SID 永远都是唯一的，由计算机名、当前时间、当前用户态线程的 CPU 耗费时间的总和这三个参数保证其唯一性。

2. 访问令牌（Access Tokens）

当用户通过系统验证后，登录进程会给用户一个访问令牌，该令牌相当于用户访问系统资源的票证。当用户试图访问系统资源时，需将访问令牌提供给 Windows 系统，系统检查用户试图访问对象的访问控制列表，如果用户被允许访问该对象，系统将会分配给用户适当的访问权限。

3. 安全描述符（Security Descriptors）

为了实现自身的安全特性，Windows 系统用对象表现所有的资源，包括文件、文件夹、打印机、I/O 设备、进程、内存等。Windows 系统中的任何对象的属性都有安全描述符这部分，以保存对象的安全配置。

4. 访问控制列表（Access Control Lists）

访问控制列表有任意访问控制列表和系统访问控制列表两种类型。任意访问控制列表包含了用户和组的列表，以及对相应的权限是允许还是拒绝。每一个用户或组在任意访问控制列表中都有特殊的权限。而系统访问控制列表是为审核服务的，包含了对象被访问的时间。

5. 访问控制项（Access Control Entries）

访问控制项包含了用户或组的 SID 以及对象的权限。访问控制项有两种：允许访问和拒绝访问。拒绝访问的级别高于允许访问。

8.2.2　Windows 系统的用户权限

用户权限适用于对特定对象,如目录和文件(只适用于 NTFS 卷)的操作,包括指定允许哪些用户可以使用这些对象,以及如何使用这些对象(如把某个目录的访问权限授予指定的用户)。用户权限分为文件权限和文件夹权限,每一个权限级别都确定了一个执行特定任务的能力。

1. 标准 NTFS 文件权限的类型

- 读取:该权限可以读取文件内的数据、查看文件的属性、查看文件的所有者、查看文件的权限等。
- 写入:该权限可以更改或覆盖文件的内容、改变文件的属性、查看文件的所有者、查看文件的权限等。除了"写入"权限之外,用户至少还必须拥有"读取"的权限,才可以修改文件内容或覆盖文件。
- 读取和运行:该权限除了拥有"读取"的所有权限外,还具有运行应用程序的权限。
- 修改:该权限除了拥有"读取""写入"与"读取和运行"的所有权限外,还可以删除文件。
- 完全控制:该权限拥有所有 NTFS 文件的权限,也就是除了拥有前述的所有权限之外,还拥有"更改权限"与"取得所有权"的权限。

2. 标准 NTFS 文件夹权限的类型

- 读取:该权限可以查看文件夹内的文件名称与子文件夹名称、查看文件夹的属性、查看文件夹的所有者、查看文件夹的权限等。
- 写入:该权限可以在文件夹内添加文件与文件夹、改变文件夹的属性、查看文件夹的所有者、查看文件夹的权限等。
- 列出文件夹目录:该权限除了拥有"读取"的所有权限之外,它还具有"遍历子文件夹"的权限,也就是可以进入子文件夹。
- 读取和运行:该权限拥有与"列出文件夹目录"几乎完全相同的权限,只是在权限的继承方面有所不同。"列出文件夹目录"的权限仅由文件夹继承,而"读取和运行"是由文件夹与文件同时继承。
- 修改:该权限除了拥有前面的所有权限外、还可以删除子文件夹。
- 完全控制:该权限拥有所有 NTFS 文件夹的权限,也就是除了拥有前述的所有权限之外,还拥有"更改权限"与"取得所有权"的权限。

3. 用户的有效 NTFS 权限

如果用户同时属于多个组,而每个组分别对某个资源拥有不同的访问权限,此时用户的有效权限将遵循以下规则。

(1) 权限累加性

用户对某个资源的有效权限是其所有权限来源的总和,例如,若用户 A 属于 Managers 组,而某文件的 NTFS 权限分别为用户 A 具有"写入"权限、组 Managers 具有"读取及运行"权限,则用户 A 的有效权限为这两个权限的和,也就是"写入＋读取及运行"。

(2) "拒绝"权限会覆盖其他权限

虽然用户对某个资源的有效权限是其所有权限来源的总和,但是只要其中有一个权限被设为拒绝访问,则用户将无法访问该资源。例如,若用户 A 属于 Managers 组,而某文件的 NTFS 权限分别为用户 A 具有"读取"权限、组 Managers 为"拒绝访问"权限,则用户 A 的有效权限为"拒绝访问",也就是无权访问该资源。

（3）文件权限会覆盖文件夹的权限

如果针对某个文件夹设置了 NTFS 权限,同时也对该文件夹内的文件设置了 NTFS 权限,则以文件的权限设置为优先。以 C:\Test\readme.txt 为例,若用户 A 对此文件拥有"更改"权限,那么即使用户对文件夹 C:\Test 只有"读取"的权限,他还是可以更改 readme.txt 文件的内容。

4. NTFS 权限的继承

在默认情况下,当用户设置文件夹的权限后,位于该文件夹下的子文件夹与文件会自动继承该文件夹的权限。

5. 文件复制或移动后 NTFS 权限的变化

NTFS 卷中的文件或文件夹在复制或移动后,其 NTFS 权限的变化将遵循以下规则。

- 复制文件和文件夹时,继承目的文件夹的权限设置。
- 在同一 NTFS 卷移动文件或文件夹时,权限不变。
- 在不同 NTFS 卷移动文件或文件夹时,继承目的文件夹的权限设置。

8.2.3 系统漏洞与补丁程序

1. 系统漏洞

系统漏洞是指操作系统或应用软件在逻辑设计上的缺陷或在编写时产生的错误,这些缺陷或错误可以被网络攻击者利用。在不同种类的设备中,在同种设备的不同版本中,在由不同设备构成的不同系统中,以及同种系统在不同的设置条件下,都会存在不同的系统漏洞。

系统漏洞与时间紧密相关。操作系统或应用软件从发布的那一天起,随着用户的深入使用,系统中存在的漏洞会不断暴露出来,这些被发现的漏洞也会不断被系统供应商发布的补丁程序修补,或在以后发布的新版系统中得以纠正。而新版系统在纠正了旧版本中原有漏洞的同时,也会引入一些新的漏洞。

2. 补丁程序

补丁程序是指针对操作系统和应用程序在使用过程中出现的问题而发布的解决问题的小程序。补丁程序一般是由软件的原作者编写的,通常可以到其网站下载。

按照对象的不同,可以把补丁程序分为系统补丁和软件补丁。系统补丁是针对操作系统的补丁程序,软件补丁是针对应用软件的补丁程序。

按照安装方式的不同,可以把补丁程序分为自动更新的补丁和手动更新的补丁。自动更新的补丁只需要在系统连接网络后即可自动安装。手动更新的补丁则需要先到相关网站下载后,再由用户自行在本机上安装。

按照重要性的不同,可以把补丁程序分为高危漏洞补丁、功能更新补丁和不推荐补丁。高危漏洞补丁是用户必须安装的补丁程序,否则会危及系统安全。功能更新补丁是用户可以选择安装的补丁程序。不推荐补丁是用户在安装前需要认真考虑是否需要的补丁程序。

**任务实施**

操作1 用户账户的安全设置

1）用户基本权利的分配

用户基本权利的分配可通过内置用户组实现。一般说来，如果用户需要对计算机进行大多数的操作，建议给其 Users 权利；而对于那些只是偶尔使用的用户，应给其 Guests 权利。对于新建的用户，在默认情况下将加入 Users 组中。如果要让其只具有 Guests 组的权利，则操作步骤如下。

（1）右击"计算机"图标，在弹出的快捷菜单中选择"管理"命令，打开"计算机管理"控制台，如图 8-10 所示。

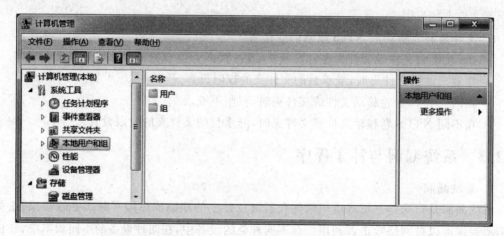

图 8-10 "计算机管理"控制台

（2）在"计算机管理"控制台的左侧窗格中依次选择"本地用户和组"→"用户"。在中间窗格中双击要设置的用户，将显示"用户属性"对话框。

（3）在"用户属性"对话框中单击"隶属于"选项卡，如图 8-11 所示。可以看到该用户默认属于 Users 组。若要让其只具有 Guests 组的权利，应先选中 Users 组，单击"删除"按钮将该组删除。然后单击"添加"按钮，打开"选择组"对话框，如图 8-12 所示。在"输入对象名称来选择"文本框中输入 Guests。如果不希望手动输入组名称，也可以单击"高级"按钮，再单击"立即查找"按钮，在"搜索结果"列表中选择要加入的组。

2）用户权限的分配

如果要单独设置某用户的一些具体权限，可以通过用户权限分配进行设置。例如对于属于 Guests 组的用户，没有修改系统时间的权限，如果要让 Guests 组的某用户具有该权限，则操作步骤如下。

（1）依次打开"控制面板"→"系统和安全"→"管理工具"，双击"本地安全策略"图标，打开"本地安全策略"窗口。在"本地安全策略"窗口的左侧窗格中依次选择"本地策略"→"用户权限分配"，如图 8-13 所示。

（2）在右侧窗格中双击"更改系统时间"策略，打开"更改系统时间 属性"对话框，如图 8-14 所示。在该对话框中单击"添加用户或组"按钮，将相应用户添加到列表框中。

图 8-11　"隶属于"选项卡

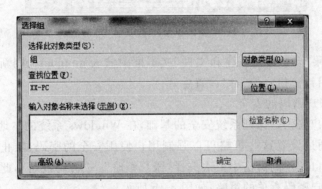

图 8-12　"选择组"对话框

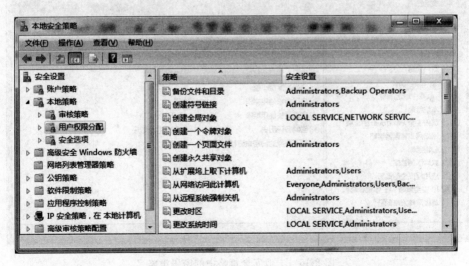

图 8-13　本地安全策略中的用户权限分配

189

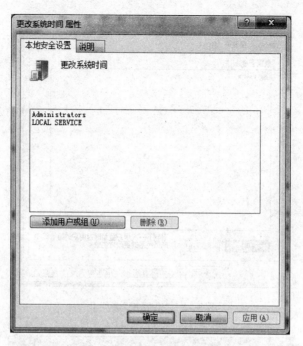

图 8-14　"更改系统时间 属性"对话框

（3）在"开始"菜单的"运行程序和文件"文本框中输入 gpupdate，刷新本计算机的本地安全策略（或者重启计算机），使策略设置生效。

3）保证用户账户密码的安全

安全的用户账户密码是保证系统安全的基础，在 Windows 系统的本地安全策略中提供了若干密码策略，通过设置这些策略可以强制用户使用安全的密码，防止密码被破解。在"本地安全策略"窗口的左侧窗格中依次选择"账户策略"→"密码策略"，此时可以在右侧窗格中看到多项与用户密码有关的策略，如图 8-15 所示。

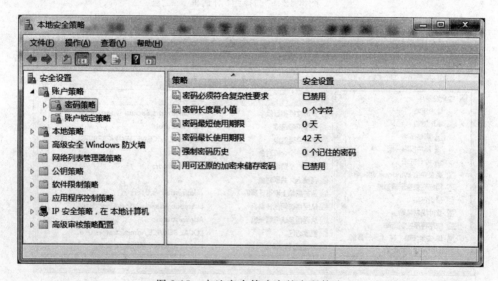

图 8-15　本地安全策略中的密码策略

　　设置密码策略的步骤非常简单,例如如果要将用户密码长度设置为不能小于 8 个字符,则操作步骤如下。

　　(1) 在"本地安全策略"窗口右侧窗格中双击"密码长度最小值"策略,打开"密码长度最小值 属性"对话框,如图 8-16 所示。

图 8-16　"密码长度最小值 属性"对话框

　　(2) 在"密码长度最小值 属性"对话框中设置密码必须至少是 8 个字符,单击"确定"按钮,完成策略的设置。

　　在"本地安全策略"窗口左侧窗格中依次选择"账户策略"→"账户锁定策略",此时在右侧窗格中可以看到多项与账户锁定有关的策略,如图 8-17 所示。账户锁定策略是指当非法用户输入的错误密码次数达到设定值的时候,系统将自动锁定该账户。

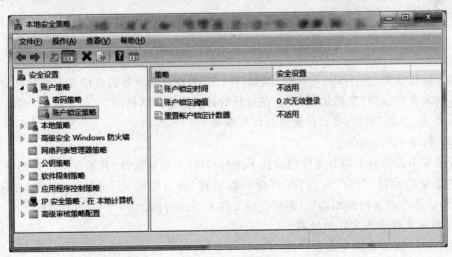

图 8-17　本地安全策略中的账户锁定策略

账户锁定策略的设置步骤与设置密码策略相同,这里不再赘述。通常在 Windows 系统中可设置表 8-1 所示的账户策略。

表 8-1　Windows 系统账户策略的推荐设置

功　　能	推　荐　设　置	优　　　点
密码符合复杂性	启用	用户设置复杂密码防止被轻易破解
密码长度最小值	6～8 个字符	使得设置的密码不易被猜出
密码最长期限	30～90 天	强迫用户定期更换密码,使系统更安全
强制密码历史(口令唯一性)	5 个口令	防止用户总使用同一密码
最短密码期限(寿命)	3 天	防止用户立即将密码改为原有的值
锁定时间	50 分钟	
账户锁定阈值	5 次失败登录	强迫用户等待,防止密码被破解
复位账户锁定计数器	50 分钟	

4)其他的常用安全设置技巧

为了保证 Windows 系统用户账户的安全,通常可以采用以下技巧。

(1)通常应使用普通用户(User 组成员)登录系统处理日常事务。

(2)一般应禁用 Guest 账户。为了保险起见,最好为其加一个复杂的密码。

(3)将系统自动创建的 Administrator 计算机管理员用户改名。

(4)限制不必要的用户,经常检查系统的用户,删除已经不再使用的用户。

(5)创建陷阱用户,即新建一个名为 Administrator 的本地用户,将其权利设置成最低,并加上一个超过 10 位的复杂密码。

操作 2　设置 NTFS 权限

对于新的 NTFS 卷,系统会自动设置其默认的权限,其中部分权限会被卷中的文件夹、子文件夹或文件继承。用户可以更改这些默认设置。只有 Administrators 组内的成员、文件/文件夹的所有者,以及具备完全控制权限的用户才有权为文件或文件夹设置 NTFS 权限。

1)获得 NTFS 文件系统

如果要把使用 FAT 或 FAT32 文件系统的卷转换为 NTFS 卷,通常可以采用以下方法。

(1)对卷进行格式化

具体操作步骤为:双击"计算机"图标,在打开的资源管理器窗口中右击要格式化的卷,在弹出的菜单中选择"格式化"命令。在打开的格式化卷对话框的"文件系统"列表框中选择 NTFS,单击"开始"按钮,格式化完毕后即可获得 NTFS 卷。

(2)利用 convert 命令

若要在不丢失卷上原有文件的前提下进行转换,可依次选择"开始"→"所有程序"→"附件"→"命令提示符"命令,在打开的"命令提示符"窗口中输入"convert E:/fs:ntfs"命令("E:"为要转换的卷的驱动器号)即可完成文件系统的转换。

2)指派文件夹或文件的权限

要给用户指派文件夹或文件的 NTFS 权限时,可右击该文件夹或文件(如文件夹 E:\test),在打开的"属性"对话框中选择"安全"选项卡,如图 8-18 所示。由图可知,该文件夹已经有了默认的权限设置,而且这些权限右方的"允许"或"拒绝"是灰色的,说明这是该文件夹从其父文件夹(也就是 E:\)继承来的权限。如果要更改权限,可单击"编辑"按钮,打开"文件夹的权限"对话框,如图 8-19 所示,只需选中相应权限右方的"允许"或"拒绝"复选框即可。不过,虽然可以更改从父文件夹所继承的权限,例如添加权限,或者通过选中"拒绝"复选框删除权限,但不能直接将灰色的对钩删除。

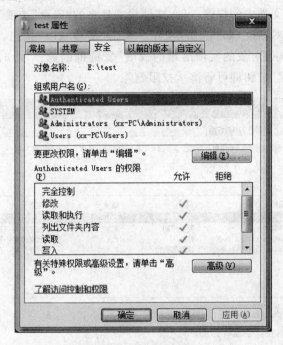

图 8-18　"安全"选项卡

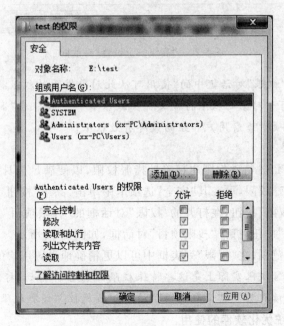

图 8-19　"文件夹的权限"对话框

　　如果要指派其他的用户权限,可在"文件夹的权限"对话框中单击"添加"按钮,打开"选择用户、计算机或组"对话框,选择要指派 NTFS 权限的用户或组。完成后,单击"确定"按钮。此时在文件夹的"安全"选项卡中已经添加了该用户,而且该用户的权限已不再有灰色的复选框,其所有权限设置都是可以直接修改的。

　　3)不继承父文件夹的权限

　　如果不想继承父文件夹的权限,可在文件或文件夹的"安全"选项卡中单击"高级"按钮,打开"高级安全设置"对话框,如图 8-20 所示。单击"更改权限"按钮,在打开的"权限"对话框中取消对"包括可从该对象的父项继承的权限"复选框的选择,此时会打开"Windows 安全"警告框,单击"删除"按钮即可将继承权限删除。

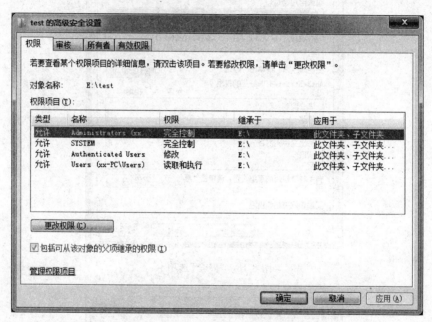

图 8-20　"高级安全设置"对话框

　　注意:如果选择"权限"对话框中的"使用可从此对象继承的权限替换所有子对象权限"复选框,文件夹内所有子对象的权限将被文件夹权限替代。可以在"高级安全设置"对话框中单击"有效权限"选项卡查看用户和组的最终有效权限。

　　4)指派特殊权限

　　用户可以利用 NTFS 特殊权限更精确地指派权限,以便满足更具体的权限需求。要设置文件或文件夹的特殊权限,可在其"安全"选项卡中单击"高级"按钮,打开"高级安全设置"对话框。单击"更改权限"按钮,在打开的"权限"对话框的"权限项目"列表框选中要设置权限的用户,单击"编辑"按钮,打开"权限项目"对话框,如图 8-21 所示。在"应用到"列表框中可以设置权限的应用范围,在"权限"列表框中可以更精确地设置用户的权限。

　　注意:标准 NTFS 权限实际上是这些特殊权限的组合。例如,标准权限"读取"就是特殊权限"列出文件夹/读取数据""读取属性""读取扩展属性""读取权限"的组合。

　　操作 3　常用系统优化软件的使用

　　系统优化软件可以帮助用户了解自己的计算机软硬件信息,简化操作系统的设置步骤,

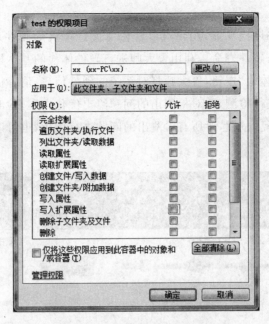

图 8-21　"权限项目"对话框

修复系统漏洞,维护系统的正常运转并提升计算机运行的效率。目前常用的系统优化软件很多,鲁大师是一款功能强大的系统工具软件,具有硬件真伪辨别、保障和提升系统性能等功能。下面以鲁大师为例,完成系统优化软件的基本操作。

1) 安装鲁大师

鲁大师的安装方法与其他软件基本相同,这里不再赘述。软件安装完毕后,双击其在桌面创建的快捷方式即可打开鲁大师的主界面,如图 8-22 所示。

图 8-22　鲁大师的主界面

2）硬件体检

利用鲁大师的硬件体检功能，用户可以轻松掌握计算机的硬件运行状况，防止硬件高温，保护数据安全，延长硬件寿命。利用鲁大师进行硬件体检的基本操作方法为：在鲁大师的主界面中单击"硬件体检"按钮，鲁大师将对系统的硬件信息、清理优化、硬件防护、硬件故障和硬件性能等方面进行检测，并对检测出的问题给出优化方案，检测结果如图 8-23 所示。用户可以单击"一键修复"按钮，对所有检测出的问题进行优化，也可以对每一个问题单独进行查看和优化。

图 8-23　硬件体检结果

3）清理优化

鲁大师的清理优化功能可以智能分辨系统运行产生的垃圾痕迹，一键提升系统的效率，为系统提供最佳优化方案，确保系统稳定高效地运行。利用鲁大师进行清理优化的基本操作方法为：单击鲁大师主界面上方的"清理优化"图标，打开"清理优化"窗口。单击该窗口的"开始扫描"按钮，鲁大师将自动扫描出系统的垃圾文件，并给出优化方案，扫描结果如图 8-24 所示。用户可以单击"一键清理"按钮自动清除垃圾并应用优化方案，也可以单击"查看详情"链接自行选择清除项目和优化方案。

注意：以上只完成了鲁大师的基本设置和操作，鲁大师的其他功能和操作方法请查阅相关技术手册。除鲁大师外，常用的系统优化软件还有很多，请利用 Internet 下载并安装一款其他的系统优化软件，熟悉其基本功能和操作方法。

图 8-24　清理优化结果

任务 8.3　认识和使用防火墙

（1）了解防火墙的功能和类型；
（2）熟悉 Windows 系统内置防火墙的启动和设置方法。

（1）安装好 Windows 7 或其他 Windows 操作系统的计算机；
（2）具有能够正常运行的网络环境。

8.3.1　防火墙的功能

　　防火墙作为一种网络安全技术，最初被定义为实施某些安全策略保护一个安全区域（局域网），用以防止来自一个风险区域（Internet 或有一定风险的网络）攻击的装置。随着网络技术的发展，人们逐渐意识到网络风险不仅来自于网络外部，还有可能来自于网络内部，并且在技术上也有可能实施更多的解决方案，所以现在通常将防火墙定义为"在两个网络之间实施安全策略要求的访问控制系统"。一般来说，防火墙可以实现以下功能。

- 能防止非法用户进入内部网络，禁止安全性低的服务进出网络，并抗击来自各方面的攻击。
- 能够利用 NAT（网络地址变换）技术，既实现了私有地址与共有地址的转换，又隐藏了内部网络的各种细节，提高了内部网络的安全性。
- 能够通过仅允许"认可的"和符合规则的请求通过的方式来强化安全策略，实现计划的确认和授权。
- 所有经过防火墙的流量都可以被记录下来，可以方便地监视网络的安全性，并产生日志和报警。
- 由于内部和外部网络的所有通信都必须通过防火墙，所以防火墙是审计和记录 Internet 使用费用的一个最佳地点，也是网络中的安全检查点。
- 防火墙允许 Internet 访问 WWW 和 FTP 等提供公共服务的服务器，而禁止外部对内部网络上的其他系统或服务的访问。

虽然防火墙能够在很大程度上阻止非法入侵，但它也有一些防范不到的地方。

- 防火墙不能防范不经过防火墙的攻击。
- 防火墙不能非常有效地防止感染了病毒的软件和文件的传输。
- 防火墙不能防御数据驱动式攻击，当有些表面无害的数据被邮寄或复制到主机上并被执行而发起攻击时，就会发生数据驱动攻击。

8.3.2 防火墙的实现技术

目前大多数防火墙都采用几种技术相结合的形式来保护网络不受恶意的攻击，其基本技术通常分为包过滤和应用层代理两大类。

1. 包过滤型防火墙

数据包过滤技术是在网络层对数据包进行分析、选择，选择的依据是系统内设置的过滤逻辑，称为访问控制表。通过检查数据流中每一个数据包的源地址、目的地址、所用端口号、协议状态等因素，或它们的组合来确定是否允许该数据包通过。如果检查数据包所有的条件都符合规则，则允许进行路由；如果检查到数据包的条件不符合规则，则阻止通过并将其丢弃。数据包检查是对 IP 层的首部和传输层的首部进行过滤，一般要检查下面几项。

- 源 IP 地址；
- 目的 IP 地址；
- TCP/UDP 源端口；
- TCP/UDP 目的端口；
- 协议类型（TCP 包、UDP 包、ICMP 包）；
- TCP 报头中的 ACK 位；
- ICMP 消息类型。

图 8-25 给出了一种包过滤型防火墙的工作机制。

例如：FTP 使用 TCP 的 20 和 21 端口。如果包过滤型防火墙要禁止所有的数据包只允许特殊的数据包通过，则可设置的防火墙规则如表 8-2 所示。

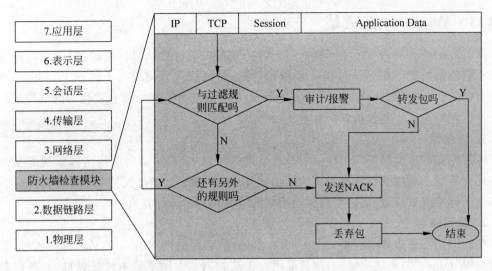

图 8-25　包过滤型防火墙的工作机制

表 8-2　包过滤型防火墙规则示例

规则号	功能	源 IP 地址	目标 IP 地址	源端口	目标端口	协议
1	允许(Allow)	192.168.1.0	/	/	/	TCP
2	允许(Allow)	/	192.168.1.0	20	/	TCP

第一条规则是允许地址在 192.168.1.0 网段内,而其源端口和目的端口为任意的主机进行 TCP 的会话。

第二条规则是允许端口为 20 的任何远程 IP 地址都可以连接到 192.168.10.0 的任意端口上。本条规则不能限制目标端口,是因为主动的 FTP 客户端是不使用 20 端口的。当一个主动的 FTP 客户端发起一个 FTP 会话时,客户端是使用动态分配的端口号。而远程的 FTP 服务器只检查 192.168.1.0 这个网络内端口为 20 的设备。有经验的黑客可以利用这些规则非法访问内部网络中的任何资源。

2. 应用层代理防火墙

应用层代理防火墙技术是在网络的应用层实现协议过滤和转发功能。它针对特定的网络应用服务协议使用指定的数据过滤逻辑,并在过滤的同时,对数据包进行必要的分析、记录和统计,并形成报告。这种防火墙能很容易运用适当的策略区分一些应用程序命令,像 HTTP 中的 put 和 get 等。应用层代理防火墙打破了传统的客户机/服务器模式,每个客户机/服务器的通信需要两个连接:一个是从客户端到防火墙,另一个是从防火墙到服务器。这样就将内部和外部系统隔离开来,从系统外部对防火墙内部系统进行探测将变得非常困难。

应用层代理防火墙能够理解应用层上的协议,进行复杂一些的访问控制,但其最大的缺点是每一种协议需要相应的代理软件,使用时工作量大,当用户对内外网络网关的吞吐量要求比较高时,应用层代理防火墙就会成为内外网络之间的瓶颈。

8.3.3　Windows 防火墙

Windows 7 系统内置了 Windows 防火墙,它可以为计算机提供保护,以避免其遭受外部恶意软件的攻击。在 Windows 7 系统中,不同的网络位置可以有不同的 Windows 防火墙设置,因此为了增加计算机在网络内的安全,用户应将计算机设置在适当的网络位置。可以选择的网络位置主要包括以下几种。

1. 专用网

专用网包含家庭网络和工作网络。在该网络位置中,系统会启用网络搜索功能使用户在本地计算机上可以找到该网络上的其他计算机;同时也会通过设置 Windows 防火墙(开放传入的网络搜索流量)使网络内其他用户能够浏览到本地计算机。

2. 公用网络

公用网络主要指外部的不安全的网络(如机场、咖啡店的网络)。在该网络位置中,系统会通过 Windows 防火墙的保护,使其他用户无法在网络上浏览到本地计算机,并可以阻止来自 Internet 的攻击行为;同时也会禁用网络搜索功能,使用户在本地计算机上也无法找到网络上的其他计算机。

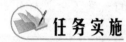
任务实施

操作 1　选择网络的位置

为了增加计算机在网络内的安全,用户应为计算机选择适当的网络位置。选择网络位置的方法为:依次打开"控制面板"→"网络和 Internet"→"网络和共享中心",在"网络和共享中心"窗口中单击目前的网络位置(如公用网络),打开"设置网络位置"对话框,如图 8-26所示,单击相应的网络位置即可完成设置。

注意:无论选择"家庭网络"还是"工作网络",系统都会将其归属为专用网。

操作 2　打开与关闭 Windows 防火墙

Windows 系统默认会启用 Windows 防火墙,它会阻止其他计算机与本地计算机的通信。打开与关闭 Windows 防火墙的操作方法如下。

(1) 依次打开"控制面板"→"系统与安全"→"Windows 防火墙"命令,打开"Windows 防火墙"窗口,如图 8-27 所示。

(2) 在"Windows 防火墙"窗口中单击"打开与关闭 Windows 防火墙"链接,打开"自定义设置"窗口,如图 8-28 所示。

(3) 在"自定义设置"窗口中,用户可以分别针对专用网与公用网络位置进行设置,默认情况下这两种网络位置都应已经打开了 Windows 防火墙。要关闭某网络位置的防火墙,只需在该网络位置设置中选中"关闭 Windows 防火墙"复选框即可。

操作 3　解除对某些程序的封锁

Windows 防火墙会阻止所有的传入连接,若要解除对某些程序的封锁,可在"Windows 防火墙"窗口中单击"允许程序或功能通过 Windows 防火墙"链接,打开"允许的程序"对话框,如图 8-29 所示。在"允许的程序和功能"列表框中勾选相应的程序和功能,单击"确定"按钮即可。

图 8-26　"设置网络位置"对话框

图 8-27　"Windows 防火墙"窗口

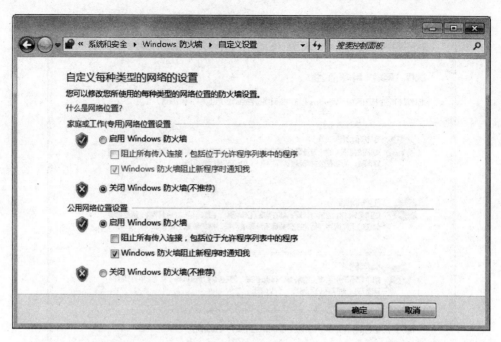

图 8-28 "自定义设置"窗口

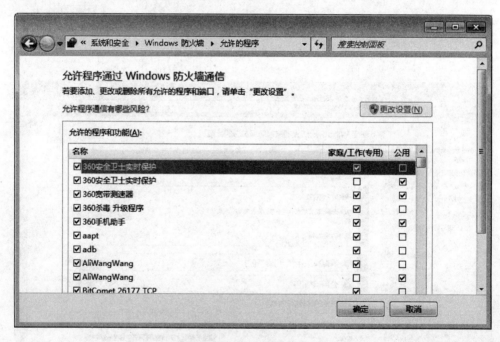

图 8-29 "允许的程序"对话框

注意：以上完成了 Windows 防火墙的基本设置和操作，Windows 防火墙的其他功能和操作方法请查阅相关技术手册。除 Windows 防火墙外，常用的个人防火墙软件还有很多，一些优化软件和杀毒软件也可以提供防火墙的功能，请利用 Internet 下载并安装一款其他的个人防火墙软件，熟悉其基本功能和操作方法。

任务 8.4　安装和使用防病毒软件

任务目的

（1）了解计算机病毒的传播方式和防御方法；

（2）熟悉防病毒软件的安装和使用方法。

工作环境与条件

（1）安装好 Windows 7 或其他 Windows 操作系统的计算机；

（2）能够接入 Internet 的网络环境；

（3）防病毒软件（本任务以诺顿防病毒软件为例，也可以选择其他软件）。

相关知识

8.4.1　计算机病毒及其传播方式

一般认为，计算机病毒是指编制或者在计算机程序中插入的破坏计算机功能或者破坏数据，影响计算机使用并且能够自我复制的一组计算机指令或者程序代码。由此可知，计算机病毒与生物病毒一样具有传染性和破坏性；但是计算机病毒不是天然存在的，而是一段比较精巧严谨的代码，按照严格的秩序组织起来，与所在的系统或网络环境相适应并与之配合，是人为特制的具有一定长度的程序。

计算机病毒的传播主要有以下几种方式。

- 通过不可移动的计算机硬件设备进行传播，即利用专用的 ASIC 芯片和硬盘进行传播。这种病毒虽然很少，但破坏力极强，没有很好的检测手段。
- 通过移动存储设备进行传播，即利用 U 盘、移动硬盘等进行传播。
- 通过计算机网络进行传播。随着 Internet 的发展，计算机病毒也走上了高速传播之路，通过网络传播已经成为计算机病毒传播的第一途径。计算机病毒通过网络传播的方式主要有通过共享资源传播、通过网页恶意脚本传播、通过电子邮件传播等。
- 通过点对点通信系统和无线通道传播。

8.4.2　计算机病毒的防御

1. 防御计算机病毒的原则

为了使用户计算机不受病毒侵害，或是最大限度地降低损失，通常在使用计算机时应遵循以下原则，做到防患于未然。

- 建立正确的防毒观念，学习有关病毒与防病毒知识。
- 不要随便下载网络上的软件，尤其是不要下载那些来自无名网站的免费软件，因为这些软件无法保证没有被病毒感染。

- 使用防病毒软件,及时升级防病毒软件的病毒库,开启病毒实时监控。
- 不使用盗版软件。
- 不随便使用他人的 U 盘或光盘,尽量做到专机专盘专用。
- 不随便访问不安全的网络站点。
- 使用新设备和新软件之前要检查病毒,未经检查的外来文件不能复制到硬盘中,更不能使用。
- 养成备份重要文件的习惯,有计划地备份重要数据和系统文件,用户数据不应存储到系统盘上。
- 按照防病毒软件的要求制作应急盘/急救盘/恢复盘,以便恢复系统急用。在应急盘/急救盘/恢复盘上存储有关系统的重要信息数据,如硬盘主引导区信息、引导区信息、CMOS 的设备信息等。
- 随时注意计算机的各种异常现象,一旦发现应立即使用防病毒软件进行检查。

2. 计算机病毒的解决方法

不同类型的计算机病毒有不同的解决方法。对于普通用户来说,一旦发现计算机中毒,应主要依靠防病毒软件对病毒进行查杀。查杀时应注意以下问题。

- 在查杀病毒之前,应备份重要的数据文件。
- 启动防病毒软件后,应对系统内存及磁盘系统等进行扫描。
- 发现病毒后,一般应使用防病毒软件清除文件中的病毒,如果可执行文件中的病毒不能被清除,一般应将该文件删除,然后重新安装相应的应用程序。
- 某些病毒在 Windows 系统正常模式下可能无法完全清除,此时可能需要通过重新启动计算机、进入安全模式或使用急救盘等方式运行防病毒软件进行清除。

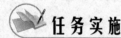**任务实施**

操作 1　安装防病毒软件

目前常用的防病毒软件很多,下面以诺顿防病毒软件为例,完成单机版的防病毒软件的安装和设置。具体安装步骤如下。

(1) 安装之前,应关闭计算机上所有打开的程序。如果计算机上安装了其他防病毒程序,应首先进行删除,否则在安装开始时会出现一个面板,提示用户将其删除。

(2) 购买或下载诺顿防病毒软件,双击该软件的安装图标,打开"感谢您选择 Norton AntiVirus"对话框,如图 8-30 所示。

(3) 在"感谢您选择 Norton AntiVirus"对话框中单击"自定义安装"链接,打开"此处是将要存储 Norton AntiVirus 的位置"对话框,如图 8-31 所示。

(4) 在"此处是将要存储 Norton AntiVirus 的位置"对话框中选择安装目录后,单击"确定"按钮,返回"感谢您选择 Norton AntiVirus"对话框。单击"诺顿授权许可协议"链接,可以阅读用户授权许可协议。

(5) 设置好安装路径,并接受许可协议后,可在"感谢您选择 Norton AntiVirus"对话框中单击"同意并安装"按钮,开始产品的安装过程。

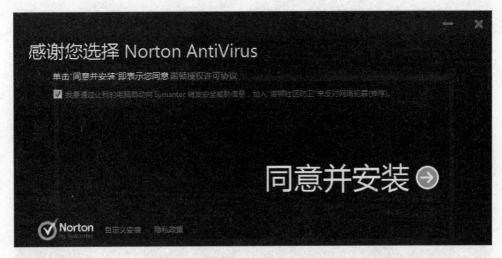

图 8-30 "感谢您选择 Norton AntiVirus Online"对话框

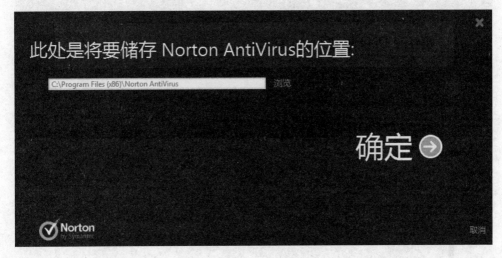

图 8-31 "此处是将要存储 Norton AntiVirus 的位置"对话框

（6）安装完成后，会出现"安装已完成"对话框，提示用户安装完成。安装完成后，Norton AntiVirus 将自动运行，其主界面如图 8-32 所示。

Norton AntiVirus 运行后，将连接 Internet，并提示用户激活服务。如果在首次出现提示时未激活服务，可以直接单击主窗口的"账户"链接完成激活。

操作 2 设置和使用防病毒软件

不同厂商生产的防病毒软件，使用方法有所不同，下面以 Norton AntiVirus 为例完成其设置和基本操作。

1）更新防病毒数据库

保持防病毒数据库的更新是确保计算机得到可靠保护的前提条件。因为每天都会出现新的病毒、木马和恶意软件，有规律地更新对持续保护计算机的信息是很重要的。可以在任意时间启动 Norton AntiVirus 的更新运行，具体操作方法是在 Norton AntiVirus 主界面单击 LiveUpdate 按钮，在打开的 LiveUpdate 窗口中单击"运行 LiveUpdata 更新"按钮，此时

图 8-32　Norton AntiVirus 主界面

系统自动通过 Internet 或用户设置的更新源进行更新，如图 8-33 所示。

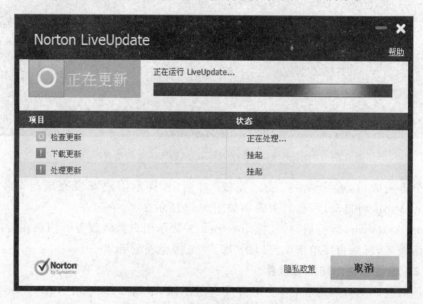

图 8-33　Norton LiveUpdate 窗口

2）在计算机上扫描病毒

扫描病毒是防病毒软件最重要的功能之一，可以防止由于一些原因而没有检测到的恶意代码蔓延。Norton AntiVirus 提供以下几种病毒扫描方式。

• 快速扫描：通常是对病毒及其他安全风险主要攻击的计算机区域进行扫描。

- 全面系统扫描：对系统进行彻底扫描以删除病毒和其他安全威胁。它会检查所有引导记录、文件和用户可访问的正在运行的进程。
- 自定义扫描：根据需要扫描特定的文件、可移动驱动器、计算机的任何驱动器或者计算机上的任何文件夹或文件。

如果要进行全面系统扫描，则操作步骤为如下。

（1）在 Norton AntiVirus 主界面中单击"立即扫描"按钮，打开"电脑扫描"窗格，如图 8-34 所示。

图 8-34　"电脑扫描"窗格

（2）在"电脑扫描"窗格中单击"全面系统扫描"按钮，打开"全面系统扫描"窗口，如图 8-35 所示。此时 Norton AntiVirus 将对计算机进行全面系统扫描。

（3）可以在"全面系统扫描"窗口中单击"暂停"按钮，暂时挂起全面系统扫描；也可单击"停止"按钮，终止全面系统扫描。

（4）扫描完成后，在"结果摘要"选项卡中如果没有需要注意的项目，可单击"完成"按钮结束扫描；如果有需要注意的项目，可在"需要注意"选项卡上查看风险。

3）访问"性能"窗口

Norton AntiVirus 的系统智能分析功能可用于查看和监视系统活动。系统智能分析会在"性能"窗口中显示相关信息。用户可以访问"性能"窗口，查看重要的系统活动、CPU 使用情况、内存使用情况和诺顿特定后台作业的详细信息。

用户可以在"性能"窗口中查看过去三个月内所执行的或发生的系统活动的详细信息。这些活动包括应用程序安装、应用程序下载、磁盘优化、威胁检测、性能警报及快速扫描等。操作步骤如下。

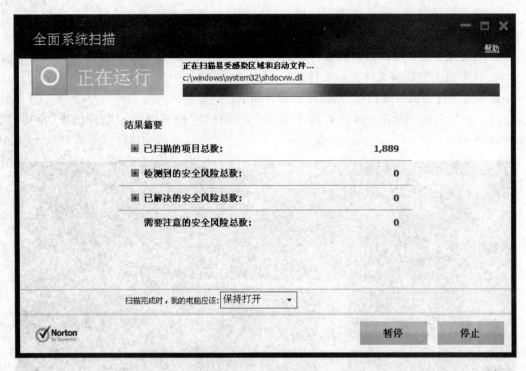

图 8-35 "全面系统扫描"窗口

（1）在 Norton AntiVirus 主窗口中单击"性能"链接，打开"性能"窗口，如图 8-36 所示。

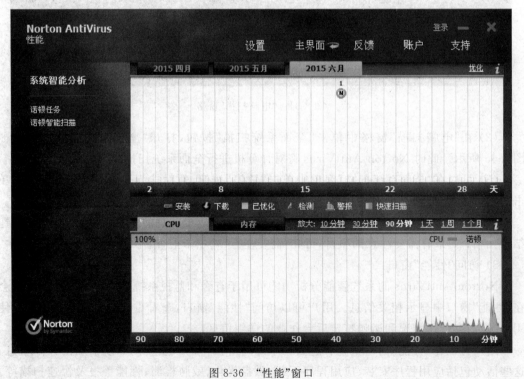

图 8-36 "性能"窗口

（2）在"性能"窗口事件图的顶部，单击某个月份的相应选项卡以查看详细信息。

（3）在事件图中，将鼠标指针移动到某个活动的图标或条带上，在出现的弹出式窗口中查看该活动的详细信息。

（4）如果弹出式窗口中出现"查看详细信息"选项，可单击该选项查看其详细信息。

Norton AntiVirus 可监视整体系统 CPU 和内存的使用情况以及诺顿特定的 CPU 和内存使用情况。如果要查看 CPU 的使用情况，可在"性能"窗口中单击"CPU"选项卡；如果要查看内存的使用情况，可在"性能"窗口中单击"内存"选项卡。如果要获得放大视图，可单击"放大"选项旁边的"10 分钟"或"30 分钟"；如果要获得默认性能时间，可单击"放大"选项旁边的"90 分钟"。

注意：以上只完成了 Norton AntiVirus 最基本的设置和操作，其他功能和操作方法请参考其自带的帮助文件。如果有条件，可安装并设置其他厂商的防病毒软件，熟悉其基本功能和操作方法。

任务 8.5　数据加密与数字签名

 任务目的

（1）理解加密和解密的概念；
（2）理解公开密钥加密和数字签名；
（3）了解数字证书的作用；
（4）了解常用加密工具的使用方法。

工作环境与条件

（1）安装好 Windows 7 或其他 Windows 操作系统的计算机；
（2）能够正常运行的网络环境；
（3）典型的加密工具。

 相关知识

8.5.1　加密与解密

加密是指通过特定算法和密钥，将明文（初始普通文本）转换为密文（密码文本）；解密是加密的相反过程，是使用密钥将密文恢复至明文，如图 8-37 所示。加密解密算法其实就是一种数学函数，用来完成加密和解密运算。密钥由数字、字符组成，可以实现对明文的加密或对密文的解密。加密的安全性取决于加密算法的强度和密钥的保密性。加密的用途是保障隐私，避免资料外泄给第三方，即使对方取得该信息，也不能阅读已加密的资料。

加密有传统加密和公开密钥加密两种方式。

209

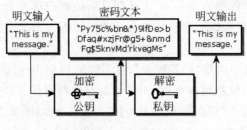

图 8-37　加密与解密

1. 传统加密

发送方和接收方用同一密钥分别进行加密和解密的方式称为传统加密,也称作单密钥的对称加密。这种加密技术的优点是加密速度快、数学运算量小,但在有大量用户的情况下,密钥管理难度大且无法实现身份验证,很难应用于开放的网络环境。传统加密大致可分为字符级加密和比特级加密。

（1）字符级加密

字符级加密是以字符为加密对象,通常有替换密码和变位密码两种方式。在替换密码中,每个或每组字符将被另一个或另一组伪装字符所替换,如最古老的恺撒密码是将每个字母移动 4 个字符,例如将 a 替换为 E、将 b 替换为 F、将 z 替换为 D。替换密码会保持明文的字符顺序,只是将明文隐藏起来,比较简单,很容易被破译。而变位密码是对明文字符作重新排序,但不隐藏它们,变位密码一般要比替换密码更安全一些。

（2）比特级加密

比特级加密是以比特为加密对象,首先将数据划分为比特块,然后通过编码/译码、替代、置换、乘积、异或、移位等数学运算方式进行加密。比特级加密仍然采用替换与变位的基本思想,但与字符级加密相比,其算法比较复杂,一般较难被破译。

典型的传统加密算法有 DES、DES3、RDES、IDEA、Safer、CAST-128 等,其中应用较为广泛的是美国数据加密标准 DES。DES 算法由 IBM 研制,广泛应用于许多需要安全加密的场合,如 UNIX 的密码算法就是以 DES 算法为基础的。DES 综合运用了置换、代替等多种加密技术,把明文分成 64 位的比特块,使用 64 位密钥(实际密钥长度为 56 位,另有 8 位的奇偶校验位),迭代深度达到 16。

2. 公开密钥加密

如果在加密和解密时,发送方和接收方使用的是相互关联的一对密钥,那么这种加密方式称之为公开密钥加密。公开密钥加密也称为双密钥的不对称加密,需要使用一对密钥,其中用来加密数据的密钥称为公钥,通常存储在密钥数据库中,对网络公开,供公共使用;用来解密的密钥称为私钥,私钥具有保密性。典型的公开密钥加密算法有 RSA、DSA、PGP 和 PEM 等,其中 PGP 和 PEM 广泛应用于电子邮件加密系统。

公开密钥加密算法应满足三点要求:

- 由已知的公钥 K_P 不可能推导出私钥 K_s 的体制。
- 发送方用公钥 K_p 对明文 P 加密后,在接收方用私钥 K_s 解密即可恢复出明文。可用 $DK_s[EK_p(P)]=P$ 表示,其中 E 表示加密算法,D 表示解密算法。
- 由一段明文不可能破译出密钥以及加密算法。

考虑网络环境下各种应用的具体要求以及算法的安全强度、密钥分配和加密速度等因素,在实际应用中可以将传统密钥算法和公开密钥算法结合起来,这样可以充分发挥两种加密方法的优点,即公开密钥系统的高安全性和传统密钥系统的足够快的加解密速度。

8.5.2　数字签名

使用公开密钥加密的一大优势在于公开密钥加密能够实现数字签名。数字签名是一种认证方法,在公开密钥加密中,发送方可以用自己的私钥通过签名算法对原始信息进行数字签名运算,并将运算结果即数字签名发给接收方;接收方可以用发送方的公钥及收到的数字签名来校验收到的信息是否是由发送方发出,以及在传输过程中是否被他人修改。

上述的数字签名方法是把整个明文都进行加密,加密的速度较慢,因此目前经常使用一种叫作"信息摘要"的数字签名方法。这种方案基于单向散列函数的思想,通常使用哈希函数。哈希函数是一种单向的函数,即一个特定的输入将运算出一个与之对应的特定的输出,且无论输入信息的长短,都可以得到一个固定长度的散列函数,这样就可以从一段很长的明文中计算出一个固定长度的比特串,这个固定长度的比特串就叫作信息摘要。发送方使用自己的私钥对要发送的明文的信息摘要进行加密就形成了数字签名。图 8-38 给出了"信息摘要"数字签名方法的基本流程。

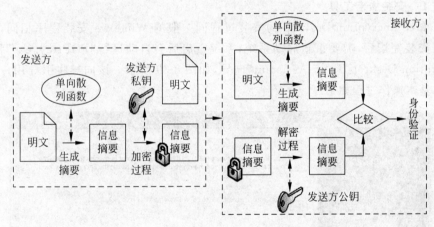

图 8-38　"信息摘要"数字签名方法的基本流程

8.5.3　数字证书

PKI(Public Key Infrastructure,公钥基础设施)是一个用公钥概念和技术来实施和提供安全服务的具有普遍适用性的安全基础设施。它能够为所有网络应用提供加密和数字签名等密码服务及所必需的密钥和证书管理体系。PKI 是信息安全技术的核心,其基础技术包括加密、数字签名、数据完整性机制、数字信封、双重数字签名等。

数字证书是 PKI 的核心元素,它是由权威机构(Certificate Authority,CA)发行的,能提供在 Internet 上进行身份验证的一种权威性电子文档。人们可以利用数字证书来证明自己的身份和识别对方的身份。数字证书必须具有唯一性和可靠性,通常采用公钥体制,数字证书是公钥的载体。数字证书的颁发过程一般为:用户首先产生自己的密钥对,并将公钥及部分个人身份信息传送给 CA。CA 在核实用户身份后,会执行一些必要的步骤,以确信请求确实由用户发出,然后发给用户一个数字证书。目前数字证书的格式普遍采用 X.509 V3 国际标准,内容包括证书序列号、证书持有者名称、证书颁发者名称、证书有效期、公钥、证书颁发者的数字签名等。用户获得数字证书后就可以利用其进行相关的各种活动了。

数字证书通常有个人证书、企业证书、服务器证书等类型。个人证书有个人安全电子邮件证书和个人身份证书,前者主要用于安全电子邮件或向需要客户验证的 Web 服务器表明身份;后者主要用于网上银行、网上交易。企业证书包含企业信息和企业公钥,可用于网上证券交易等各类业务。服务器证书有 Web 服务器证书和服务器身份证书,前者用于 IIS 等各种 Web 服务器;后者用于表征服务器身份,以防止假冒站点。

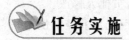 **任务实施**

Symantec Encryption Desktop 是一种使用 PGP(Pretty Good Privacy)技术的安全工具,通过加密来保护用户的数据免受未经授权的访问。Symantec Encryption Desktop 可以保护电子邮件和即时通信工具的数据,也可以加密整个硬盘驱动器或卷,用户可以利用其安全地在网络上与他人共享文件和文件夹,也可以安全地删除敏感文件。下面以 Symantec Encryption Desktop 为例,完成典型加密工具的安装和使用。

操作 1　安装加密工具

Symantec Encryption Desktop 的安装过程同一般的 Windows 安装程序相同,这里不再赘述。安装完毕后,需要重新启动系统,系统重启后会自动运行"PGPtray.exe"程序,打开"Encryption Desktop Setup Assistant"向导,如图 8-39 所示。该向导将引导用户完成初始设置。基本操作过程如下。

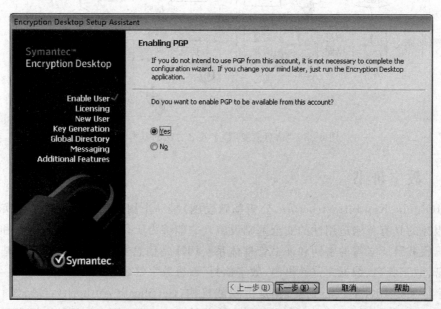

图 8-39　启用 PGP 对话框

(1)"Encryption Desktop Setup Assistant"向导会首先询问用户是否要从此账户启用 PGP,选择"yes",单击"下一步"按钮,打开启用许可功能对话框,如图 8-40 所示。

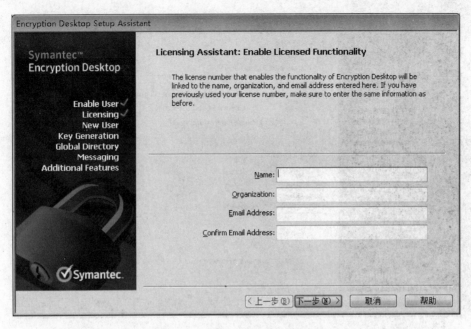

图 8-40　启用许可功能对话框

（2）在许可助手对话框中输入姓名、组织、邮件地址等相关信息，单击"下一步"按钮，打开输入许可证对话框，如图 8-41 所示。

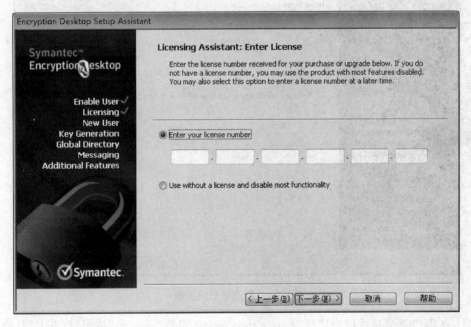

图 8-41　输入许可证对话框

（3）在输入许可证对话框中输入许可证号码，单击"下一步"按钮，打开授权成功对话框，如图 8-42 所示。

（4）在授权成功对话框中单击"下一步"按钮，打开用户类型对话框，如图 8-43 所示。

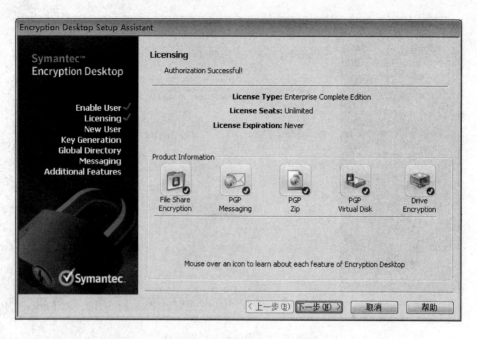

图 8-42　授权成功对话框

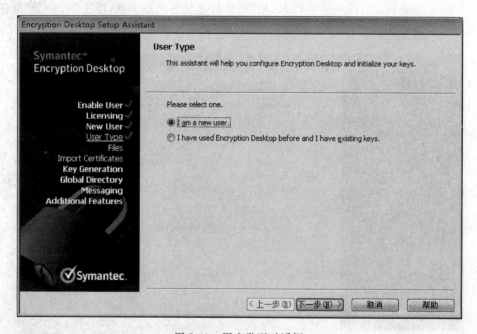

图 8-43　用户类型对话框

（5）在用户类型对话框中选择"I am a new user"，单击"下一步"按钮，打开 PGP 密钥产生助手对话框，如图 8-44 所示。

（6）在 PGP 密钥产生助手对话框中单击"下一步"按钮，打开名称和邮件对话框，如图 8-45 所示。

（7）在名称和邮件对话框中填写用户名和邮箱以方便使用密钥，单击"下一步"按钮，打

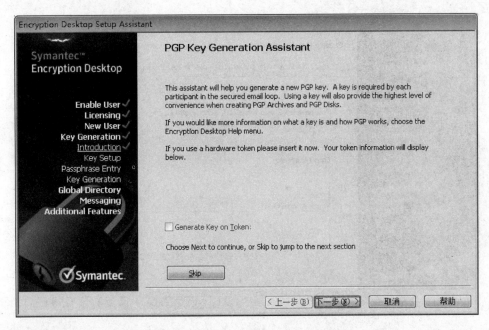

图 8-44　PGP 密钥产生助手对话框

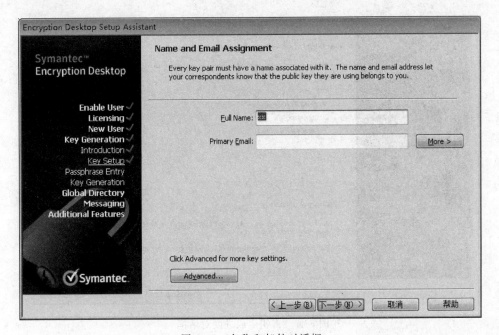

图 8-45　名称和邮件对话框

开创建口令对话框,如图 8-46 所示。

(8) 在创建口令对话框中输入密钥口令,口令不能低于 8 位且应包含字母和数字。单击"下一步"按钮,将打开密钥生成进度对话框,密钥生成后该对话框如图 8-47 所示。

(9) 在密钥生成进度对话框中单击"下一步"按钮,打开 PGP 全球名录助手对话框,该助手将引导用户将密钥上传至相关服务器。若不想使用该助手,可单击 Skip 按钮,跳过此

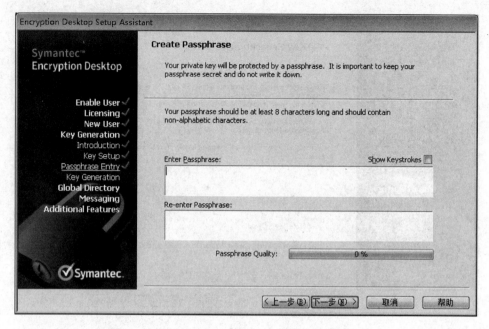

图 8-46　创建口令对话框

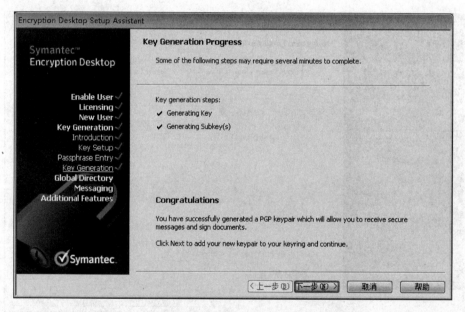

图 8-47　密钥生成进度对话框

步骤,打开 PGP 消息介绍对话框,如图 8-48 所示。

（10）在 PGP 消息介绍对话框中单击"下一步"按钮,打开默认发信邮件策略对话框,单击"下一步"按钮,打开祝贺对话框。

（11）在祝贺对话框中单击"完成"按钮,完成 Symantec Encryption Desktop 的初始设置。此时在系统的任务栏中会出现 Symantec Encryption Desktop 托盘,用户可以点击使用。

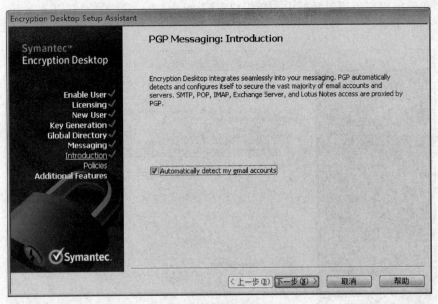

图 8-48 PGP 消息介绍对话框

操作 2 加密或解密文件

1）加密文件

使用 Symantec Encryption Desktop 加密文件的操作步骤如下。

（1）打开资源管理器，选中要加密的文件，右击鼠标，在弹出的菜单中选择 Symantec Encryption Desktop→Secure with key 命令，打开添加用户密钥对话框，如图 8-49 所示。、

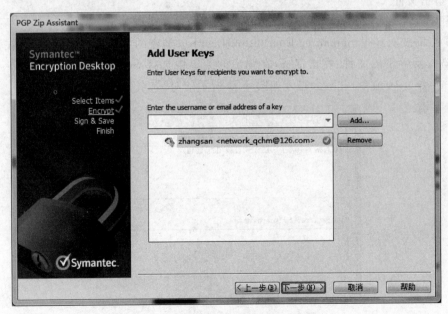

图 8-49 添加用户密钥对话框

217

（2）在添加用户密钥对话框中选择用户密钥，单击"下一步"按钮，打开签名并保存对话框，如图 8-50 所示。

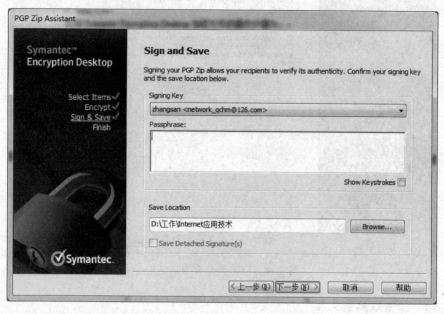

图 8-50　签名并保存对话框

（3）在签名并保存对话框中选择密钥并输入密钥的口令，确定文件保存位置后，单击"下一步"按钮，此时在所选保存位置的文件夹中会出现以".pgp"为后缀名的加密文件。

2）解密文件

使用 Symantec Encryption Desktop 解密文件的操作步骤如下。

（1）当需要对经过 Symantec Encryption Desktop 加密的文件进行解密时，可在资源管理器中选择要解密的文件，右击鼠标，在弹出的菜单中选择 Symantec Encryption Desktop→Decrypt & Verify 命令，此时会打开如图 8-51 所示的对话框。

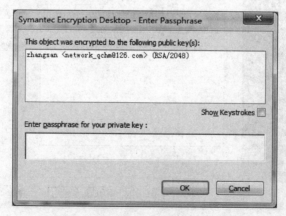

图 8-51　输入用户密钥口令对话框

（2）在图 8-51 所示的对话框中输入密钥口令后，单击 OK 按钮，开始文件的解密，解密完成后就可以打开保存后的已解密的文件了。

3）销毁加密文件

如果要销毁加密文件，可以选中要销毁的加密文件，右击鼠标，在弹出的快捷菜单中依次选择 Symantec Encryption Desktop→PGP Shred 命令，打开安全删除加密文件确认对话框，单击 Yes 按钮，即可销毁加密文件。

操作 3　数字签名及验证

1）对文件进行数字签名

使用 Symantec Encryption Desktop 对文件进行数字签名的操作步骤如下。

（1）打开资源管理器，选择需要签名的文件，右击鼠标，在弹出的菜单中选择 Symantec Encryption Desktop→Sign as 命令，打开签名并保存对话框。

（2）在签名并保存对话框中选择密钥并确定文件保存位置后，单击"下一步"按钮，在原文件所在的文件夹中会出现后缀为".sig"的签名文件。

2）对数字签名进行验证

使用 Symantec Encryption Desktop 软件对文件的数字签名进行验证的操作步骤为：在资源管理器中双击要验证文件的签名文件，若文件在签名后没有被修改过，则会出现如图 8-52 所示的窗口；若文件在签名后被修改过，则会出现如图 8-53 所示的窗口。

图 8-52　数字签名正确

图 8-53　数字签名错误

219

注意：以上只完成了 Symantec Encryption Desktop 的基本操作，其他功能和操作方法请参考相关技术手册。目前常用的加密工具很多，Windows 系统本身也会提供 EFS 文件加密和 BitLocker 驱动器加密，请通过 Internet 了解其他常用加密工具的使用方法。

另外，数字证书是目前 Internet 电子交易及支付安全的主要保障，目前大部分网上银行都会用数字证书来认证用户身份。请通过 Internet 查阅相关资料，了解目前国内主要的证书认证机构，了解网上银行数字证书及其他个人用户数字证书的申请和安装使用方法。

习　题　8

1. 简述目前网络中常见的攻击手段。
2. Windows 系统的本地用户账户分为哪些类型？各有什么特征？
3. 什么是用户权限？Windows 系统的标准 NTFS 文件权限有哪些类型？
4. 什么是防火墙？防火墙可以实现哪些功能？
5. 什么是计算机病毒？计算机病毒主要有哪些传播方式？
6. 简述公开密钥加密与传统加密的区别。
7. 什么是数字签名？简述利用信息摘要进行数字签名的基本流程。
8. 设置系统的安全访问权限。

内容及操作要求：某用户的计算机使用 Windows 7 操作系统，现需要对该计算机进行如下设置。

- 对登录用户进行身份识别和鉴别，系统管理员用户应具有不被冒用的特点。
- 用户口令应具有复杂度并定期更换，并防止字典攻击。
- 对系统用户进行优化，禁用不必要的用户。
- 使管理员用户对计算机的卷 D 具有完全控制权限，其他用户只能读取数据和运行程序。

准备工作：1 台安装 Windows 7 或以上版本操作系统的计算机。

考核时限：25min。

9. 防病毒软件的使用。

内容及操作要求：在计算机上安装常用防病毒软件，并完成以下操作。

- 对防病毒数据库进行更新；
- 对计算机系统的 C 盘和所插入的 U 盘进行病毒扫描；
- 监视整体系统 CPU 和内存的使用情况。

准备工作：安装 Windows 7 或以上版本操作系统的计算机；常用防病毒软件；能够接入 Internet 的网络环境。

考核时限：30min。

参 考 文 献

[1] 于鹏,丁喜纲.计算机网络技术项目教程(计算机网络管理员级)[M].北京:清华大学出版社,2014.

[2] 李利民,黄芳. Internet 应用技术立体化教程[M].北京:人民邮电出版社,2015.

[3] 丁喜纲.网络安全管理技术项目化教程[M].北京:北京大学出版社,2012.

[4] 尚晓航. Internet 技术与应用基础[M].北京:清华大学出版社,2014.

[5] 李宁,王洪,田蓉. Internet 应用技术实用教程[M].2 版.北京:清华大学出版社,2012.

[6] 全国专业技术人员计算机应用能力考试命题研究组.全国专业技术人员计算机应用能力考试标准教程——Internet 应用[M].北京:清华大学出版社,2013.

[7] 张晖,杨云.计算机网络与 Internet 应用[M].北京:清华大学出版社,2010.

[8] 杭州华三通信技术有限公司. IPv6 技术[M].北京:清华大学出版社,2010.

[9] 陈泉,郭利伟.网络信息检索与实践教程[M].北京:清华大学出版社,2013.

[10] 吴功宜,吴英. Internet 基础[M].4 版.北京:清华大学出版社,2011.

[11] 人力资源和社会保障部人事考试中心. Internet 应用(Windows 7 版)[M].北京:中国人事出版社,2015.